JN168137

マンガでわかる

技術英語

坂本 真樹／著　深森 あき／作画　トレンド・プロ／制作

はじめに

本書は、英語が苦手なのに、科学・技術系の英語の文章を読んだり、書いたり、研究成果を英語で発表しなければならない人のための入門書です。読者としては

・ 大学の授業で英文を読んだり、書いたり、英語で発表したりする学生の方
・ 大学院に進学し、英語論文を読んだり、書いたり、研究成果を国際学会で発表しなければならない大学院生の方
・ 就職し、企業で海外の情報を収集したり、海外とのメールのやり取りをしたり、海外に出張し、英語でプレゼンをしなければならないビジネスマンの方

を想定していますが、本書の中では、大学院に進学したものの、英語が苦手で苦労している女子大学院生が、先輩研究員の指導のもと、英語を克服していく姿を描いています。

私自身、理工系国立大学で研究指導をしていますが、研究室には、理系科目は得意だが英語は苦手、という学生さんが多くいます。例えば、TOEIC で 400 点台というと、日常会話をなんとかこなせるかどうか、というレベルですが、そのような学生さんでも、大学院に入ってくると、英語で書かれた論文を読まなければなりません。辞書を引き引きやっと英語論文を読んでいるレベルであるにも関わらず、研究成果を発表するために英語で論文を書かなければならない、ということになります。さらには、海外の学会に参加して、研究成果を英語で発表する機会もあります。本書は、身近に見ている英語が苦手で苦労している学生さんへの指導経験をもとに書いたものです。特に学生さんの障害となっていると感じたのは以下の五つでした。

1. 単語がわからなくて辞書ばかり引くことになって時間がかかる
2. 単語の意味がわかっても、文の構造がわからなくて、意味のある文にできない
3. 複雑な日本語文をそのまま英訳しようとして苦労する
4. 機械翻訳にかけて失敗する
5. 白紙の状態から長い英語論文なんて書けないし、書いても意味不明の文になる

これらをどうしたら克服できるか、少しでも楽に取り組めるか、ということを念頭に置いて書きました。英語でプレゼンする、ということについては、英語教本を読んだだけではなかなか難しいのですが、英語の文章さえ書ければ、質疑応答はともかく、プレゼンまではなんとかできるのではないかと思います。

英語を勉強するための本は、英語教育の専門家が書くことが多いと思いますが、本書は、東京外国語大学を卒業したにも関わらず、今はすっかり理工系分野の研究者として、学生の教育研究指導をしている不思議なバックグラウンドをもつ著者ならではの本となっています。英語教育の専門家から見ると、邪道な方法を提案しているところも多々あるかと思いますが、英語を苦手な人の気持ちがわかるかもしれない人間が書く英語の教本が世の中に１冊くらいあってもいいのではないか、という思いで書きました。本書を読んで、英語は苦手だけど、ちょっと頑張ってみようかな？　と思ってくださる読者が１人でも増えればうれしいです。著者は英語の native ではないため、幼い頃から社会人になるまで英語圏で教育を受けた帰国子女で起業家の平原由美様にチェックをお願いしました。著者がＴＶ番組で共演させていただいたご縁で仲良くしていただいていて、本書の趣旨を尊重しながらの面倒な作業にお付き合いくださいました。

最後に、作画の深森あき様とトレンド・プロの皆様に謹んでお礼申し上げます。テキストばかりだと憂鬱になりそうな校正も、出来上がったかわいいマンガを見ながらですと、とても楽しく進めることができました。本書の企画に初めて出会ったのは 2011 年ですが、その後紆余曲折があって、ようやく出版にこぎ着けることができました。その間、本書をあきらめずに、企画を推進してくださったオーム社の編集者の皆様には大変お世話になりました。また、本書の英文例や発表資料は，参考文献に掲載させていただきました私の研究室の当時の大学院生や共同研究者との共著論文をもとにしています。本書への活用にご快諾くださった皆様に心より御礼申し上げます。

2016 年 10 月

坂本　真樹

目次

プロローグ

英語で論文？ ゼッタイ無理！

そうそう
大学院１年生の人には
卒論を
国際会議に出すから
ブラッシュアップ
しておいてね
ハイ
え

もちろん
英語で
書き直しだよ
そんなぁ〜〜〜っ!!?
論文なんて
日本語で書くのだって
大変なのに…
英語にしなくちゃ
ならないなんて
絶対無理…
どうしよう
こうなったら
どど〜〜んっ
論文の山
誰かの論文を
参考にして書くしかない…
ふっ ふっ ふっ ふっ
どれどれ…
そぉ〜〜っ
はっ
Hime Hakui,
こ…これ
あの博井先輩の
論文だ！

そんな
博井先輩の
論文が
ここに…
ぱあああっ
校内でも
天才と謳われ
研究成果も
抜群
それだけでなく
容姿端麗
なのに
男に頼らない強さも
兼ね備えているし…
あぁ憧れる…
うっとり…
ドキ
ドキ
ドキ
ぴら…
それ
私の論文なんだけど
わぁ

す…
すみません
博井先輩っ
バサッ
バサバサ
ちょっと…
クシャクシャにするなよ
こんな時間に
何してるん
ですか？
博井（はくい）ヒメ
八代研究室所属。リナの先輩
えへへ♡
ちゃっ
そうだったんですね…
研究に集中してたから
気がつかなかった…
……
おた
おた
研究に
決まってるだろ
どかっ
夕飯買い出しに
行っていたんだ
あっ
すいません
ピルルルル
それが…
実は…
で…
どうして私の論文を？
知りたいことがあれば
直接聞けばいいだろ？
キィ…

ピルルルルル
しつこいな
ぴっ
うるさいっ
……
会いたい
ばん
どかっ
がすっ
かっ
私は院生になって
研究に燃えているんです！
おい…いいのか？
男の名前だったぞ…
どかっ
いいんです
彼氏なんかに
うつつを抜かしている
ヒマなんてありません！
くわっ
か…彼氏が…いるのか…

で…
本題なんですが…
なるほど
英語の参考に
読もうとしたのか
すみません…
まぁその気持ち
わからなくないぞ
え…
博井先輩は
英語の読み書きも
バッチリじゃ
ないですか〜！

実は私も
研究が好きだから
ポスドクになったんだが
英語は
得意じゃなかったんだ
えぇ
そうなんですか！
信じられない…

けど
世界に向けて
研究成果を発表するには
英語は避けては通れないだろ
だから気合を入れて
勉強してたら
あるとき
コツをつかんだんだ
コツ？

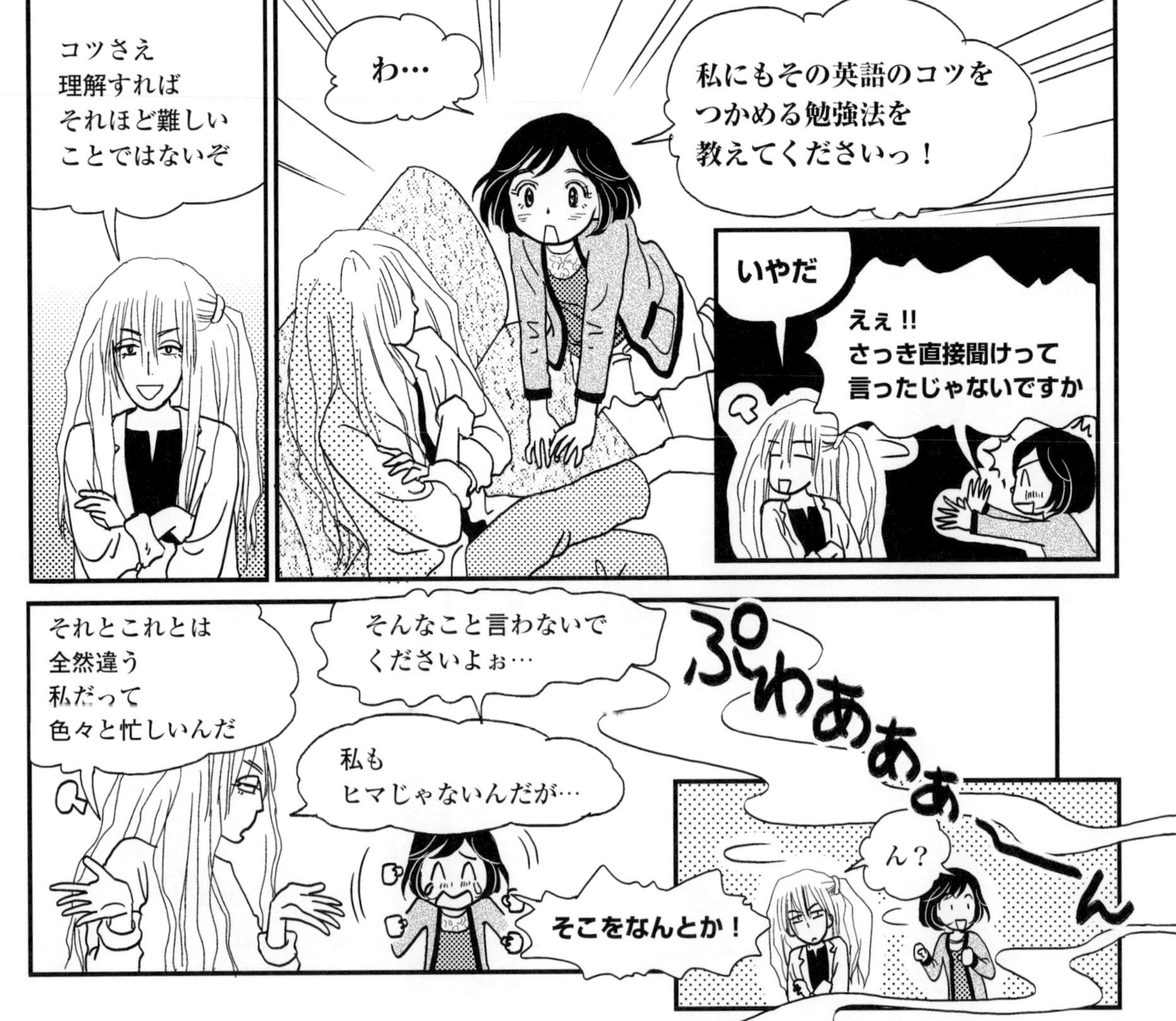
コツさえ
理解すれば
それほど難しい
ことではないぞ
わ…
私にもその英語のコツを
つかめる勉強法を
教えてくださいっ！
いやだ
えぇ !!
さっき直接聞けって
言ったじゃないですか
それとこれとは
全然違う
私だって
色々と忙しいんだ
そんなこと言わないで
くださいよぉ…
私も
ヒマじゃないんだが…
そこをなんとか！
ぷわあああ〜ん
ん？

むわゎ
ゎゎゎ〜ん
ぐつ
ぐつ
ぐつ
チャダ君
今大切な話をしているの
カレー作るの
外にしてくれない？
匂いが気になって
話ができないでしょ！
ゴメンネー！
けどもうすぐ
超美味いカレーできるヨ！
チャダ
インド人留学生
いや…別に
カレー食べたいなんて
言ってないんだけど…
まぁいいや…
……

なんでも
…ね…
ゴクリ…
私にできることなら
なんでもしますから～！
お願いします!!
やったー！
わかった
教えてあげよう

今はちょっと…
それはそのうちな…
それで…
私は何をすれば
いいですか…？

1章

技術英語を読んでみよう①
単語だけをつないで読む方法

1. 文法がわからなくても単語がわかれば読める

書いてあることを
ざっくりと理解するだけなら
「内容語」だけ読めれば
とりあえずは　いい

「内容語」って
なんでしたっけ…？

英語でも日本語でも
言葉には
「内容語」「機能語」と呼ばれるものがある
内容語
機能語
「内容語」というのは
"dog" のように
単独でも何を意味しているのかが
わかる言葉のことで
「機能語」というのは
"the" や "on" のように
文の構成に関わる
文法的な役割をもつものの
ことだよ

なるほど…
英単語帳に載っている
単語のほとんどは
内容語だ
パラララララ

その「内容語」に
目を向ければいいってこと

英語を
「文章」だと思わずに
「内容語の羅列」だと思えば
いいってことだな
［英語の文章］
内容語
へぇ〜
そんなんでいいんですか

きちんと和訳するなら

単語と単語の関係を
正確に捉えるための
文法の知識と
その運用能力が必要に
なるから
大変に感じてしまうだろ？
きちんと和訳
英文法
タイヘ〜ン

軽っ
ひょいっ

まずは
その単語の関係性は無視して
内容語の意味のみを
追っていくだけでも
内容がわかるもんだ
内容語
まー、確かに
そうかもしれません

表にまとめると
こうういうことだな

【内容語の種類】

名詞	ものの名前など	犬，学校，自然，など	dog, school, nature
動詞	「〜する」，「〜である」	走る，食べる，など	run, eat
形容詞	名詞を修飾する	大きい，甘い，など	big, sweet
副詞	動詞や文を修飾する	ゆっくり，とても，など	slowly, very,

ちなみに
機能語の種類は…

【機能語の種類】

冠詞	a, an, the	助動詞	can, could, will, would, should など
前置詞	in, at, for など	人称代名詞	I, you, we, my, your, he, she, it など
be動詞	is, am, are など	接続詞	and, but, or など
関係詞	who, that, where, when, why, how など		

…と
こんな感じ

おー
これはわかりやすいです！

Color information in a document is unconsciously considered essential in helping the understanding of the text content. For instance, readers rely on the use of color to grasp the outline of the document quickly. Furthermore, it has been shown that the colors in a document are also effective in aiding the memorization and recognition of the text content. In this paper, we pursue the possibility of proposing the colors, which have cognitive associations with the content, to convey and strengthen the message delivered by the textual information.

color / information / document / unconsciously / considered / essential / helping / understanding / text / content / for instance / reader / rely / color / grasp / outline / document / quickly / showed / colors / document / effective / memorize / recognize / text / contents / paper / pursue / possibility / proposing / colors / have / cognitive / association / text / convey / strengthen / message / textual / information

これでいいですか？

「色」「情報」「文書」「無意識に」「考えられている」「必須の」「助けること」「理解」「テキスト」「内容」「例えば」「読者」「頼る」「色」「把握する」「アウトライン」「文書」「すばやく」「示した？示された？」「色」「文書」「効果的」「記憶する」「認識する」「テキスト」「内容」「論文」「追求する」「可能性」「提案する」「色」「持っている」「認知的」「連想」「テキスト」「伝える」「強化する」「メッセージ」「テキストの」「情報」

…こんな感じかな？

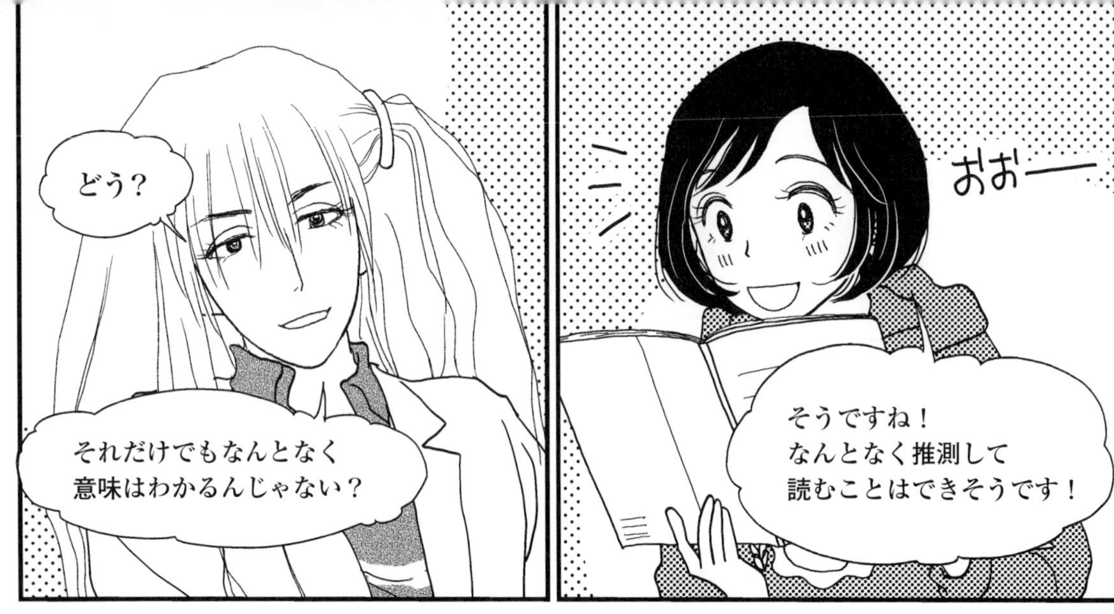
どう？
それだけでもなんとなく
意味はわかるんじゃない？
おお――
そうですね！
なんとなく推測して
読むことはできそうです！

人種のるつぼといわれる
アメリカでは
第二言語として英語を使う人が
たくさんいる
彼らに比べて日本人の
コミュニケーション力は
劣っているといわれているんだ
そうなんですか？
なんとなくそんなイメージは
ありますけど

日本人は正確な文法に
こだわりがちだからな
伝えるべき内容や
重要な単語の意味よりも
文法的な正しさを
気にしてしまう
学校でも文法のこと
いっぱい習いましたもーん

他の民族の人は
自分の気持ちを伝えることを
目的に
意味
気持ち
意味を構成する重要な単語の
知識を身につけ
意味
意味
意味
文法を気にせず
どんどんコミュニケーションを
とろうとする
意味
そしてそっちのほうが
通じることが多い

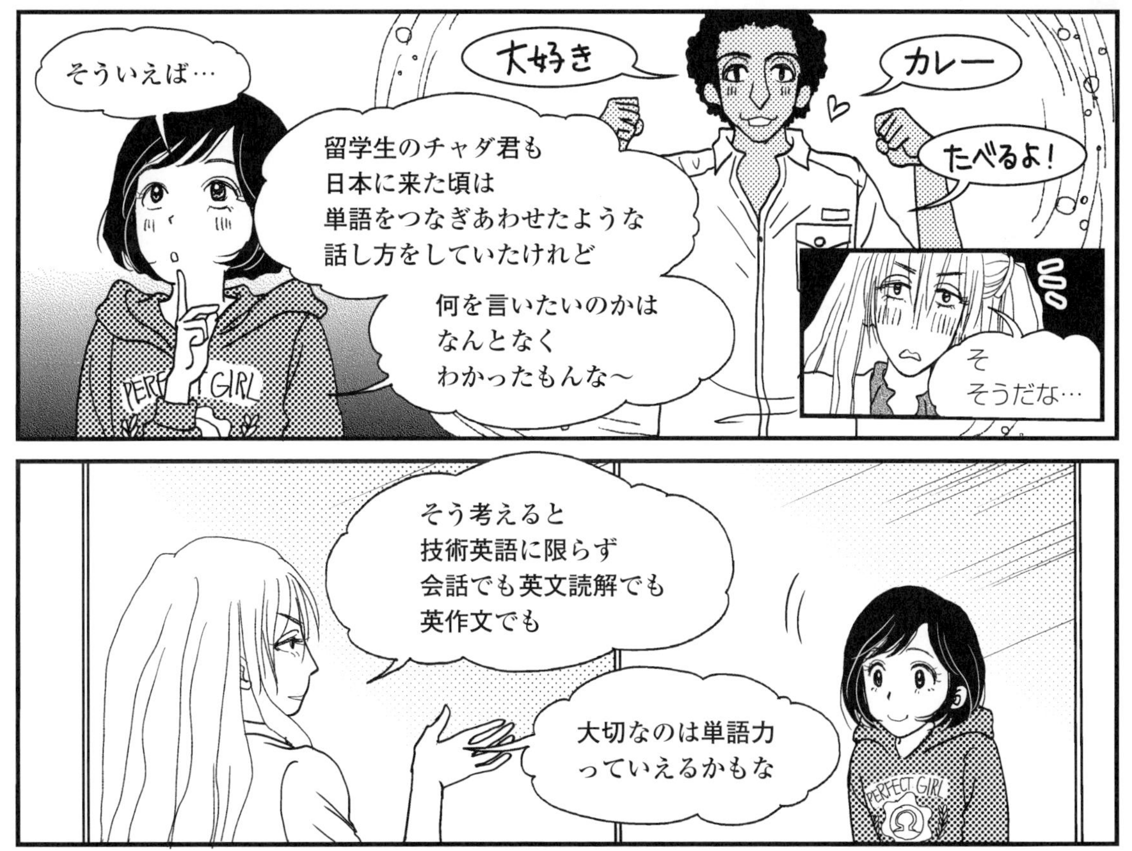
そういえば…
大好き
カレー
たべるよ！
留学生のチャダ君も
日本に来た頃は
単語をつなぎあわせたような
話し方をしていたけれど
何を言いたいのかは
なんとなく
わかったもんな～
そ
そうだな…
そう考えると
技術英語に限らず
会話でも英文読解でも
英作文でも
大切なのは単語力
っていえるかもな

2. 技術英単語は それほど多くない

例えば
acceptable「容認できる」という
単語は、accept「認める・容認する」
という名詞から作られている
形容詞だから
意味が推測できるだろ？
accept acceptable

accept 一つ知っていれば
acceptability「容認可能性」
unacceptable「容認できない」
など、いろんな単語が
わかるようになる
accept
acceptability
unacceptable
acceptance
・
・
これらは全部英語論文で
よく出る単語だ

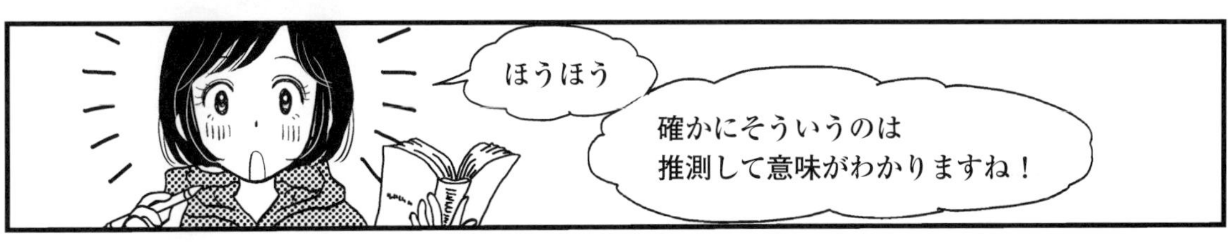
ほうほう
確かにそういうのは
推測して意味がわかりますね！

それからこれは
やや乱暴なんだけど
こんな推測も
できるぞ
たとえば
We believe that…
という文の
believe が
「…と思う・信じる」という
意味だとわかっていれば
同じ形で出てくる
We assume that…
We suppose that…
We argue that…
We hypothesize that…
も、たとえ assume,suppose, argue,
hypothesize の意味がわからなくても
大体似たような意味かなと
推測して読むこともできるんだ

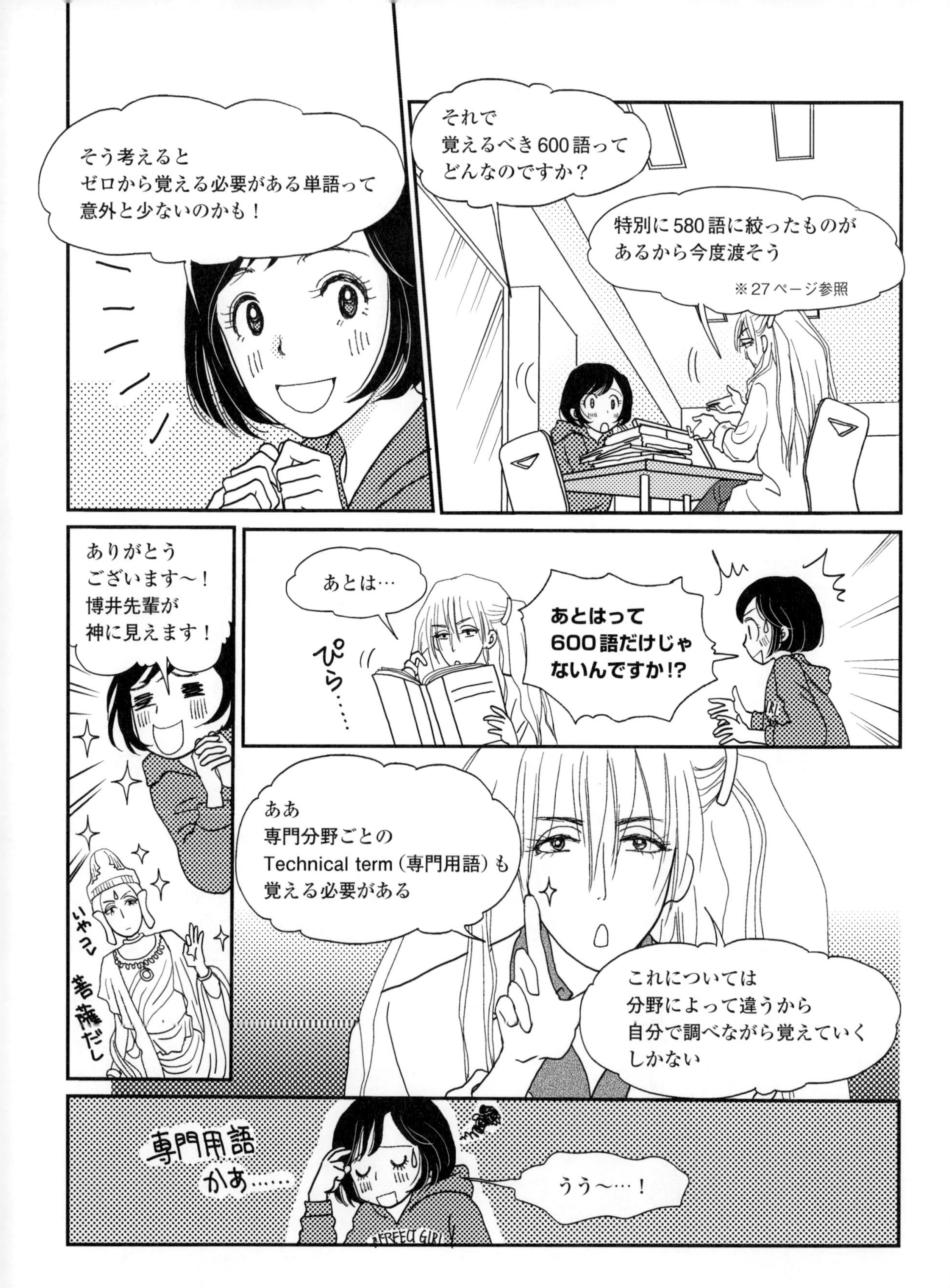
そう考えると
ゼロから覚える必要がある単語って
意外と少ないのかも！
それで
覚えるべき600語って
どんなのですか？
特別に580語に絞ったものが
あるから今度渡そう
※27ページ参照
ありがとう
ございます～！
博井先輩が
神に見えます！
いやいや
菩薩だし
あとは…
ぴら……
あとはって
600語だけじゃ
ないんですか!?
ああ
専門分野ごとの
Technical term（専門用語）も
覚える必要がある
これについては
分野によって違うから
自分で調べながら覚えていく
しかない
専門用語
かあ……
うう～…！

専門分野の本1冊
自分の専門分野の基本的な本を１冊頑張って読むか論文を５本くらい読めば
英論文5本くらい
よく出てくるTechnical termがどんなものか大体わかるようになるさ
本か論文ね……よしっ
わ　わかりました…！
でも最初はTechnical termの意味も調べながら読まなくちゃなので
すごく時間がかかっちゃいそうですね…
ペラペラペラ
日本語に翻訳されてるものを探して照らし合わせながら読むのがいいかもしれない
原書
訳書
おお～あるじゃないですか裏ワザが！
だけどやっぱりTechnical termについては辞書と向き合ってわからない単語を調べていったほうが確実に力はつく
えーっと…
ペラペラ
いずれ自分で英語論文を書く際にもこの単語力が物をいうからな
そうかー

うーん
やっぱ先のことを
考えると
ちゃんとやっておかないと
かぁ〜…
ラクしようとしちゃダメねー
今はネットの辞書もあるから
それを使ってもいい
パソコンを活用すれば
勉強がさらにはかどることもある
そうなんですか？
私はTechnical termをExcelで
日本語訳や例文とともに記録しておく
ということをやっていたな
Excel
慣れてきたら
「これは使えそう」という表現も
一緒に記録していく
自分専用の
英単語帳を作る
感じですね！
そうだな

持ってなかった
のか…!?
よーし
まずは自分の
辞書を買ってくる
ぞ～！
本屋閉まる前に
行ってきますね！
よく
院試
受かったな…
今日も
ありがとうございました！
…あ
ぴた。
どうしたの？
そういえば
英語を教えてくれる代わりに
私ができることなら
なんでもするって言って
ましたよね
あ…ああ
ドキッ
そうだったな
あれって何ですか？
えっ
なぜ今それを!?
わた
わた
わた

そうなんだ…
じゃあ
なんですか？
あ、ああ…
買えるものじゃ
ないから…
そ…
それは
買ってこられる
ものなら
今ついでに
買ってきちゃうんで
行ってきます
とっ
とにかく本屋に
行ってこい
店が閉まるぞ
あ…やばい

まだ心の準備が
できてないよ…
ひや～～
ふう――…
パタパタパタ

論文でよく使われる単語

博井厳選 580語

単語	品詞	意味	参考
absolute	形容詞	絶対的な	an absolute value（絶対値）
abstract	形容詞	抽象的な	an abstract of the paper（論文の要旨）
academic	形容詞	学術的な	an academic journal（学術雑誌）
acceptable	形容詞	容認できる	an acceptable sentence（容認可能な文）
accidental	形容詞	偶然の	an accidental coincidence（偶然の一致）
accordance	名詞	一致	according to Sakamoto (2013)（Sakamoto (2013) によれば）
account	名詞	説明	account for the data（データを説明する）
achieve	動詞	達成する	achieve the goal（目標を達成する）
acknowledge	動詞	感謝する	acknowledgment（謝辞）
additional	形容詞	追加の	in addition（さらに）
address	動詞	取組む	address the issue（問題に取り組む）
adequate	形容詞	妥当な	an adcquatc account（妥当な説明）
admit	動詞	認める	as the author admits（著者が認めているように）
adopt	動詞	採用する	adopt the model（そのモデルを採用する）
advance	動詞	提示する	advance a new model（新しいモデルを提示する）
advantage	名詞	強み	an advantage of the approach（アプローチの強み）
affect	動詞	影響を与える	affect the analysis（分析に影響を与える）
affiliation	名詞	所属	a current affiliation（現在の所属）
agreement	名詞	一致	there is little agreement on this point（この点においてほとんど意見が一致していない）
aim	名詞	目的	the aim of this paper（この論文の目的）
alternative	形容詞	別の	an alternative explanation（別の説明）
ambiguous	形容詞	曖昧な	an ambiguous expression（曖昧な表現）
amount	名詞	量	a large amount of data（大量のデータ）
analogous	形容詞	類似の	analogous results（似たような結果）
analysis	名詞	分析	analyses 複数形 , analyze（分析する）
anonymous	形容詞	匿名の	anonymous reviewers（匿名の査読者）

	単語	品詞	意味	参考
	apparatus	名詞	道具立て	a conceptual apparatus（概念的道具立て）
	apparent	形容詞	明らかな	an apparent counterexample（明らかな反例）
	appendix	名詞	付録	Appendix A（付録 A）冠詞なしで使う
	applicable	形容詞	適用できる	apply to（～に適用する）
	approach	名詞	アプローチ	approach the problem（問題にアプローチする）直接目的語をとる
	appropriate	形容詞	適切な	an appropriate explanation（適切な説明）
	approximately	名詞	おおよそ	approximate（おおよその）
	arbitrary	形容詞	恣意的な	an arbitrary relationship（恣意的な関係）
	argument	名詞	議論	argue（議論する）
	aspect	名詞	側面	
	associate	動詞	関連付ける	associate A with B（AをBと結びつける）
	assumption	名詞	想定	assume（を想定する）
	atrribute	名詞	属性	
	attempt	動詞	試みる	attempt to explain（説明しようと試みる）
	average	名詞	平均	average value（平均値）
B	background	名詞	背景	
	based	形容詞	～に基づく	based on the previous research（先行研究に基づいて）
	basically	副詞	基本的に	basic（基本的な）
	basis	名詞	基盤	
	bibliography	名詞	参考文献一覧	
	bold	名詞	太字	
	boundary	名詞	境界	
	briefly	副詞	簡潔に	brief（簡潔な）
C	capture	動詞	把握する	
	categorize	動詞	カテゴリー化する	category（カテゴリー），categorization（カテゴリー化）
	central	形容詞	中心的な	
	challenging	形容詞	挑戦的な	
	characterize	動詞	特徴づける	characteristic（特徴的な）
	cite	動詞	引用する	citation（引用）
	claim	動詞	主張する	
	clarify	動詞	明らかにする	clarification（明確化）
	classic	形容詞	古典的な	

単語	品詞	意味	参考
classification	名詞	分類	classify（分類する）
clearly	副詞	明らかに	clear（明らかな）
closely	副詞	詳しく	close（詳しい）
clue	名詞	手掛かり	provide clues to answering（解答するための手掛かりを提供する）
coherent	形容詞	一貫性のある	coherence（一貫性）
collaboration	名詞	共同	collaborate（共同研究する）
column	名詞	縦の行（列）	the leftmost / rightmost column（最も左の / 右の列）
common	形容詞	共通の	commonality（共通性）
comparable	形容詞	似たような	
comparative	形容詞	比較の	compare A to / with B（AをBと比較する）
compatible	形容詞	矛盾しない	be compatible with A（Aと矛盾しない）
competing	形容詞	競合の	two competing theories（二つの競合理論）
complementary	形容詞	相補的な	a complementary distribution（相補分布）
completely	副詞	完全に	complete（完全な）
complex	形容詞	複雑な	complexity（複雑さ）
complicated	形容詞	複雑な	complicate（複雑にする）
component	名詞	構成要素	
comprehensive	形容詞	包括的な	
conceptual	形容詞	概念的な	concept（概念）
concern	名詞	関心	concerning the issue（問題に関しては）
conclusion	名詞	結論	conclusive（決定的な）, conclude（結論付ける）
concrete	形容詞	具体的な	concretely（具体的に）
condition	名詞	条件	under the condition that S+V（～という条件下では）
conduct	動詞	行う	conduct an experiment（実験を行う）
conference	名詞	学会	
confirm	動詞	裏付ける	
conflicting	形容詞	対立的な	conflict（対立する）
conform	動詞	一致する	
consensus	名詞	意見の一致	there is little consensus on A（Aに関してはほとんど意見が一致していない）
consequence	名詞	帰結	consequently（その結果として）
consider	動詞	考える	reconsider（再考する）

単語	品詞	意味	参考
considerable	形容詞	かなりの	considerably（かなり）
consist	動詞	成り立つ	consist of two parts（二つの部分から成り立つ）
consistent	形容詞	一致している	be consistent with A（Aと一致している）
constant	形容詞	一定の	定数（名詞）
constitute	動詞	構成する	be constituted by the elements（要素によって構成される）
constraint	名詞	制限	constrain（制限する）
construct	動詞	構築する	construct a system（システムを構築する）
construe	動詞	解釈する	construal（解釈）
content	名詞	内容	a table of contents（目次）
continue	動詞	続ける	continuum（連続体）
contradict	動詞	反駁する	contradict the assumption（仮定に反駁する）
contrary	形容詞	正反対の	contrary to the prediction（予測に反して）
contrast	名詞	対照	in contrast with A（Aと対照的に）
contribute	名詞	貢献する	contribute to A（Aに貢献する）
controversial	形容詞	論争の絶えない	
convenience	名詞	便宜	for convenience（便宜的に）
convincing	形容詞	説得力のある	
cope	動詞	扱う	cope with A（Aを扱う）
correct	形容詞	正しい	correctly（正しく）
correlation	名詞	相関関係	
correspond	動詞	一致する	correspond to the previous study（先行研究と一致する）
corroborate	動詞	裏付ける	
counterargument	名詞	反論	
criterion	名詞	基準	criteria（複数形）
critical	形容詞	決定的な	
criticize	動詞	批判する	criticism（批判）
crucial	形容詞	非常に重要な	
current	形容詞	ここでの	current issue（ここでの問題）
customary	形容詞	通例の	
D deal	動詞	扱う	deal with the problem（問題を扱う）
debatable	形容詞	議論の余地がある	be debatable whether S + V（～かどうか議論の余地がある）

単語	品詞	意味	参考
decisive	形容詞	決定的な	
define	動詞	定義する	definition（定義）
definitely	副詞	明らかに	definite（明確な）
degree	名詞	程度	to what degree（どの程度）
delineate	動詞	境界を定める	
demonstrate	動詞	示す	
depend	動詞	依存する	depend on A（Aに依存する）
depth	名詞	深さ	in depth（詳細に）
derive	動詞	引き出す	
describe	動詞	記述する	description（記述）
deserve	動詞	に値する	
designate	動詞	示す	
desirable	形容詞	望ましい	
detail	名詞	詳細	in more detail（より詳細に）
detect	動詞	検出する	detectable（検出できる）
determine	動詞	決定する	
device	名詞	装置	devise（考案する）
devote	動詞	充てる	considerable attention has been devoted to the phenomenon （かなりの注目がその現象に注がれてきた）
diagram	名詞	図式	
dichotomy	名詞	二分法	
difference	名詞	相違	differentiate（区別する）
dimension	名詞	次元	
direct	形容詞	直接的な	directly（直接的に）
directionality	名詞	方向性	
discipline	名詞	学問分野	interdisciplinary（学際的な）
discussion	名詞	議論	discuss（議論する）
display	名詞	示す	
distinct	形容詞	異なった	
distinction	名詞	区分	distinctive（弁別的な）
distinguish	動詞	区別する	
distribution	名詞	分布	
diverse	形容詞	多様な	diversity（多様性）

単語	品詞	意味	参考
divide	動詞	分割する	be devided into A and B（AとBに分割される）
doubtful	形容詞	疑わしい	doubt（疑う）
dual	形容詞	二重の	
dubious	形容詞	疑わしい	
effective	形容詞	効果的な	effect（効果）
elaborate	動詞	精緻化する	
element	名詞	要素	
elsewhere	副詞	他の箇所で	
elucidate	動詞	解明する	
emergent	形容詞	創発的な	emergent properties（創発特徴）
emphasize	動詞	強調する	emphasis（強調）
empirical	形容詞	観察経験に基づく	an empirical study（観察経験に基づく研究）
employ	動詞	用いる	
enormous	形容詞	膨大な	
ensuing	形容詞	後続の	
ensure	動詞	保証する	
entire	形容詞	全体の	entirely（完全に）
entitle	動詞	題する	a paper entitled A（Aというタイトルの論文）
enumerate	動詞	列挙する	
equally	副詞	同様に	equal（等しい）
equivalent	形容詞	同等の	
equivocal	形容詞	曖昧な	
especially	副詞	特に	
essential	形容詞	不可欠な	essence（本質）
establish	動詞	確立する	
estimate	動詞	推定する	
evidence	名詞	証拠	evidently（明らかに）
evoke	動詞	喚起する	
exact	形容詞	正確な	exactly（正確に）
examine	動詞	調査する	examination（調査）
example	名詞	例	
exception	名詞	例外	
excerpt	名詞	抜粋	
exclude	動詞	除外する	

単語	品詞	意味	参考
exclusively	副詞	排他的に	exclusive（排他的な）
exemplify	動詞	例示する	
exert	動詞	及ぼす	exert influence on A（Aに影響を及ぼす）
exhaustive	形容詞	包括的な	
exhibit	動詞	示す	
existing	形容詞	既存の	exist（存在する）
expand	動詞	拡大する	expansion（拡大）
experiment	名詞	実験	an experimental approach（実験的アプローチ）
expertise	名詞	専門知識	expert（専門家）
explanation	名詞	説明	explanatory（説明的な）
explicate	動詞	解明する	
explicit	形容詞	明示的な	explicitly（明示的に）
explore	動詞	探求する	exploration（探求）
extensive	形容詞	広範な	extend（拡張する）
extent	名詞	範囲	to the extent that S+V（～という点においては）
external	形容詞	外部の	
extract	動詞	抽出する	extract from A（Aから抽出する）
extremely	副詞	極めて	
extrinsic	形容詞	外在的な	
F facet	名詞	側面	
facilitate	動詞	促進する	
factor	名詞	要因	
fairly	副詞	かなりの	
fallacious	形容詞	誤った	
falsify	動詞	反証する	
far-fetched	形容詞	こじつけの	
fashion	名詞	方法	manner や way も「方法」
favor	名詞	支持	evidence in favor of A（Aを支持する証拠）
feasible	形容詞	実現可能な	
feature	名詞	特徴	
figure	名詞	図	Figure 1（冠詞なしで使う）
finding	名詞	成果	
finite	形容詞	有限の	
focus	動詞	着目する	focus on A（Aに着目する）

単語	品詞	意味	参考
following	形容詞	以下の	as follows（次のように）
footnote	名詞	脚注	endnote（後注）
former	名詞	前者	latter（後者）
formulate	動詞	定式化する	formula（式）単数 / formulae 複数
foundation	名詞	基盤	
framework	名詞	枠組み	
fruitful	形容詞	有益な	
fully	副詞	完全に	
function	名詞	機能	functional（機能的な）
fund	名詞	研究費	
fundamental	形容詞	基本的な	
further	形容詞	さらなる	furthermore（さらに）
G generalization	名詞	一般化	generally（一般的に），general（一般的な）
glossary	形容詞	用語集	
grant	名詞	研究助成金	this research was supported by a grant from A（本研究はAからの助成金によって支援された）
grasp	動詞	把握する	
grateful	形容詞	感謝の	
guarantee	動詞	保証する	
H handle	動詞	扱う	
helpful	形容詞	役立つ	
henceforth	副詞	以下	hereafter（以下）
hierarchy	名詞	階層	
highlight	動詞	強調する	
highly	副詞	かなり	
hitherto	副詞	これまでは	
horizontal	形容詞	横の	
hypothesis	名詞	仮説	hypotheses（複数）
hypothesize	動詞	仮定する	
I identical	形容詞	同一の	A is identical to B（AはBと同一である）
identify	動詞	同定する	identification（同定）
ignorant	形容詞	無視している	be ignorant of A（Aを無視している）
illuminate	動詞	解明する	
illustrate	動詞	説明する	illustration（解説）
immediately	副詞	直接的に	

単語	品詞	意味	参考
immense	形容詞	多大な	
impact	名詞	影響	
imperfect	形容詞	不完全な	
implausible	形容詞	妥当でない	
implication	名詞	含意	imply（含意する）
implicit	形容詞	暗黙の	
importance	名詞	重要性	important（重要な）
inadequate	形容詞	不適切な	
incidentally	副詞	ちなみに	
incompatible	形容詞	両立しない	
independent	形容詞	独立の	independent from / of A（Aから独立している）
indicate	動詞	示唆する	
indirect	形容詞	間接的な	indirectly（間接的に）
indispensable	形容詞	不可欠な	
individual	形容詞	個々の	
inevitable	形容詞	必然的な	inevitably（必然的に）
infer	動詞	推論する	inference（推論）
infinite	形容詞	無限の	
influence	動詞	影響を与える	influence on A（Aに影響を与える）
inherent	形容詞	固有の	inherently（本来）
inherit	動詞	形容する	
initial	形容詞	最初の	initially（最初に）
innovative	形容詞	革新的な	
inquire	動詞	探求する	enquire（探求する）
insightful	形容詞	洞察力のある	insight（洞察）
inspection	名詞	調査	
instance	名詞	事例	for instance（たとえば）
instantiate	動詞	具体化する	
instrument	名詞	道具	
insufficient	形容詞	不十分な	
integral	形容詞	不可欠な	
integrate	動詞	統合する	
interaction	名詞	相互作用	interact（相互作用する）， interactive（相互作用の）

単語	品詞	意味	参考
interface	名詞	接点	
intermediate	形容詞	中間の	
internal	形容詞	内部の	internally（内的に）
interpret	動詞	解釈する	interpretation（解釈）
interval	名詞	間隔	
intimate	形容詞	密接な	
intricate	形容詞	複雑な	
intriguing	形容詞	興味深い	interesting（興味深い）
intrinsic	形容詞	内在的な	
introduction	名詞	序論	introduce（導入する）
intuitively	副詞	直感的に	intuitive（直感的な），intuition（直感）
invalid	形容詞	根拠のない	
inventory	名詞	一覧表	
investigate	動詞	調べる	
irrelevant	形容詞	無関係の	
isolate	動詞	分離する	
issue	名詞	問題	
J jointly	副詞	共同で	
justify	動詞	正当化する	
L label	動詞	名付ける	
lacking	形容詞	欠いている	
largely	副詞	主として	
later	副詞	後で	
leading	形容詞	主要な	lead to A（A につながる）
length	名詞	長さ	
likelihood	名詞	可能性	the likelihood that S+V（～という可能性）
likewise	副詞	同様に	
limitation	名詞	制限	limit（制限する）
literature	名詞	文献	
locate	動詞	位置づける	
lower	形容詞	下の	at the lower right of Figure 1（図 1 の右下に）
M magnitude	名詞	規模	
mainly	副詞	主に	main（主要な）
maintain	動詞	維持する	

単語	品詞	意味	参考
major	形容詞	主要な	
majority	名詞	大多数	minority（少数）
manifest	動詞	表す	manifestation（表れ）
marginal	形容詞	周辺的な	marginally（わずかに）
material	名詞	材料	
mean	名詞	平均	
meaningful	形容詞	有意義な	meaning（意味），mean（意味する）
mechanism	名詞	メカニズム	
mediate	動詞	仲介する	
mention	動詞	言及する	
merit	名詞	利点	demerit（欠点）
method	名詞	方法	methodology（方法論）
minor	形容詞	わずかな	
misleading	名詞	誤解を招きやすい	
mistake	名詞	誤り	mistaken（誤った）
modify	動詞	修正する	modification（修正）
mostly	副詞	ほとんどの場合	
motivate	動詞	動機付ける	motivation（動機付け）
multiply	動詞	数と数をかける	
mutual	形容詞	相互の	
N namely	副詞	つまり	
natural	形容詞	自然の	natural number（自然数）
normal	形容詞	通常の	
notable	形容詞	注目すべき	
notation	名詞	表記法	
noteworthy	形容詞	注目すべき	
notice	動詞	注目する	
notion	名詞	概念	
novel	形容詞	新規の	
numerous	形容詞	多数の	
O object	名詞	対象	
objective	名詞	目的	「客観的な」（形容詞）
observation	名詞	見解	observe（観察する）
obtain	動詞	得る	

単語	品詞	意味	参考
obvious	形容詞	明らかな	obviously（明らかに）
odd	形容詞	奇数の	an odd number（奇数）
opposite	形容詞	正反対の	
opposition	名詞	対立	oppose（反対する）
optional	形容詞	随意的な	option（選択肢）
ordinary	形容詞	通常の	
organize	動詞	構成する	
original	形容詞	独創的な	origin（起源）
otherwise	副詞	そうでなければ	
outcome	名詞	結果	
overall	形容詞	全体の	
overlap	名詞	重複	
overlook	動詞	見落とす	
overview	名詞	概観	
P pair	名詞	対	a pair of elements（1対の要素）
paper	名詞	論文	article（論文）
paradigm	名詞	パラダイム	
parallel	形容詞	並列の	
paraphrase	動詞	言い換える	
parenthesis	名詞	丸括弧	parenthesize（括弧に入れる）
partial	形容詞	部分的な	
participate	動詞	参加する	participate in the experiment（実験に参加する）
particularly	副詞	特に	particular（特定の）
partly	副詞	部分的に	part（部分）
percentage	名詞	割合	5 percent（単位なので複数形にしない）
perfect	形容詞	完全な	
perform	動詞	行う	performance（性能）
peripheral	形容詞	周辺的な	
perspective	名詞	観点	from the perspective of A（Aの観点から）
persuasive	形容詞	説得力のある	
pervasive	形容詞	広範な	
phase	名詞	段階	
phenomenon	名詞	現象（単数）	phenomena（複数）

単語	品詞	意味	参考
pivotal	形容詞	中心的な	
plausible	形容詞	妥当な	
portion	名詞	一部	
pose	動詞	かす	
posit	動詞	仮定する	
position	名詞	立場	
possibility	名詞	可能性	impossible（不可能な）
precede	動詞	先行する	in the preceding section（前節では）
precisely	副詞	正確に	precise（正確）
preclude	動詞	除外する	
predict	動詞	予測する	predictable（予測できる）
predominant	形容詞	支配的な	predominantly（主として）
preliminary	形容詞	予備的な	Preliminary Remarks（序言）
premise	名詞	前提	
prerequisite	名詞	前提条件	
present	形容詞	ここでの	presently（目下）
presentation	名詞	提示	an oral presentation（口頭発表）
presume	動詞	推定する	
presuppose	動詞	前提とする	
previous	形容詞	先行の	previous studies（先行研究）
primary	形容詞	主要な	primarily（主に）
principal	形容詞	主要な	
principle	名詞	原理	
prior	形容詞	先行の	prior to this research（この研究以前には）
problem	名詞	問題	problematic（問題のある）
procedure	名詞	手順	
proceed	動詞	進む	conference proceedings（大会発表論文集）
proper	形容詞	適切な	properly（適切に）
property	名詞	属性	
propose	動詞	提案する	proposal（提案）
proportion	名詞	割合	proportional（比例の）
prove	動詞	証明する	proof「証拠」あるいは「校正原稿」
purpose	名詞	目的	
pursue	動詞	探求する	

単語	品詞	意味	参考
quality	名詞	質	qualitative（質的な）
quantity	名詞	量	quantitative（量的な）
question	名詞	疑問	questionable（疑わしい）
questionnaire	名詞	アンケート	
quite	副詞	かなり	
quote	動詞	引用する	quotation（引用）
radical	形容詞	抜本的な	radically（抜本的に）
random	形容詞	無作為の	randomly（無作為に）
range	名詞	範囲	
rare	形容詞	稀な	
rather	副詞	むしろ	rather than A（A というよりむしろ）
ratio	名詞	割合	by a ration of 2:1（2 対 1 の割合で）
reaction	名詞	反応	react（反応する）
readily	副詞	容易に	
realize	動詞	認識する・実現する	realization（認識・実現）
realm	名詞	領域	domain（領域）
reasonable	形容詞	妥当な	reason（理由）
recall	動詞	思い出す	
recognize	動詞	認識する	pattern recognition（パターン認識）
recurrent	形容詞	再帰的な	recurrent networks（再帰的ネットワーク）
reduce	動詞	還元する	reductive（還元主義的な）
redundant	形容詞	余分な	
refer	動詞	言及する	refer to A（A に言及する）
refine	動詞	精緻化する	
reflect	動詞	反映する	
refrain	動詞	控える	refrain from A（A を控える）
regard	動詞	見なす	regarding A（A に関しては）
relate	動詞	関連付ける	related to A（A に関連している）
relationship	名詞	関係	in relation to B（B に関しては）
relative	形容詞	相対的な	relatively（比較的に）
relevant	形容詞	関係のある	
reliable	形容詞	信頼できる	

単語	品詞	意味	参考
remainder	名詞	残り	the remainder of this article（本稿の残りの部分）
remarkable	名詞	注目すべき	remark（見解）
rephrase	動詞	言い換える	
represent	動詞	表す	representative（代表の）
requirement	名詞	要件	require（必要とする）
research	名詞	研究	study（研究）
resemblance	名詞	類似	
resolve	動詞	解決する	resolution（解決）
resort	動詞	頼る	as a last resort（最後の手段として）
respect	名詞	点	in this respect（この点では）
respective	形容詞	各々の	respectively（それぞれ）
respond	動詞	反応する	respond to A（Aに反応する）
responsible	形容詞	～に責任がある	responsible for A（A の原因となる）
rest	名詞	残り	the rest of this article（本稿の残り）
restrict	動詞	制限する	restriction（制限）
reveal	動詞	明らかにする	revealing（明確な）
review	動詞	再検討する	reviewer（査読者）
revise	動詞	修正する	
revisit	動詞	再考する	rethink（再考する）
rigid	形容詞	厳密な	
roughly	副詞	おおまかに	

S

単語	品詞	意味	参考
sake	名詞	目的	for the sake of convenience（便宜的に）
satisfy	動詞	満たす	satisfying（十分な）
schematize	動詞	図式化する	schematization（図式化）
scientific	形容詞	科学的	science（科学）
scope	名詞	範囲	
secondary	形容詞	副次的な	
selective	形容詞	選択的な	select（選択する）
separately	副詞	別々に	separate（分割する）
series	名詞	一連	a series of experiments（一連の実験）
serve	動詞	役立つ	
sharp	形容詞	厳密な	sharply（厳密に）
shift	動詞	切り替える	

単語	品詞	意味	参考
shortcoming	名詞	欠点	
significance	名詞	重要性	significant（重要な）
similarity	名詞	類似性	similar to A（Aと似ている）
simplify	動詞	単純化する	simply（単に）
simulation	名詞	シミュレーション	
simultaneous	形容詞	同時に生じる	simultaneously（同時に）
situate	動詞	位置づける	situation（状況）
sketch	動詞	概観する	
slighly	副詞	若干	slight（若干の）
solely	副詞	ただ単に	
solution	名詞	解決策	solve（解決する）
somewhat	副詞	少し	
specialize	動詞	専門にする	special（特別な）
specific	形容詞	特定の	specify（特定する）
standard	形容詞	標準的な	
state	動詞	述べる	statement（主張）
statistics	名詞	統計	statistical（統計上の）
stem	動詞	生じる	stem from A（Aから生じる）
straightforward	形容詞	率直な	
stress	動詞	強調する	
strictly	副詞	厳密に	strictly speaking（厳密に言えば）
striking	形容詞	顕著な	strikingly（著しく）
strongly	副詞	強く	strength（強さ）
structure	名詞	構造	structural（構造的な）
subject	名詞	被験者・テーマ	
subjective	形容詞	主観的な	
subsequent	形容詞	後続の	subsequently（後で）
substantial	形容詞	本質的な	
substantiate	動詞	実証する	substantive（実質的な）
subtle	形容詞	微妙な	
succeeding	形容詞	後続の	in the succeeding chapters（後続の章で）
sufficient	形容詞	十分な	sufficiently（十分に）
suggest	動詞	示唆する	
suitable	形容詞	適している	

単語	品詞	意味	参考
sum	名詞	合計	summarize（まとめる）
support	動詞	裏付ける	supportive（裏付けている）
suppose	動詞	仮定する	
survey	動詞	調査する	
symmetric	形容詞	対称的な	
synthetic	形容詞	統合的な	synthesize（統合する）
system	名詞	システム	systematic（体系的な）
T table	名詞	表	Table 1（無冠詞で）
technical	形容詞	専門的な	technically speaking（専門的に言えば）
template	名詞	テンプレート	
tendency	名詞	傾向	tend to A（Aする傾向がある）
tentative	形容詞	暫定的な	
term	名詞	用語	in terms of A（Aの観点から）
terminology	名詞	専門用語	
test	動詞	検証する	testable（検証可能な）
theory	名詞	理論	theoretical（理論的な）
therefore	接続詞	したがって	
thesis	名詞	学位論文	
thorough	形容詞	詳細な	thoroughly（詳細に）
total	名詞	総計	a total of 100 materials（全部で 100 素材）
traditional	形容詞	伝統的な	
treat	動詞	扱う	treatment（取扱い）
trigger	動詞	引き起こす	
twofold	形容詞	二面的な	threefold（三つの面をもつ）
typical	形容詞	典型的な	
U ubiquitous	形容詞	普遍的な	ubiquity（遍在性）
ultimately	副詞	最終的には	ultimate（最終的な）
underlie	動詞	の基礎となる	underlying（基底の）
underline	動詞	強調する	
understand	動詞	理解する	understandable（理解できる）
unify	動詞	統一する	unified（統一的な）
unique	形容詞	独特の	peculiar（特有の）
unit	名詞	単位	
universal	形容詞	普遍的な	universality（普遍性）

	単語	品詞	意味	参考
	unknown	形容詞	未知の	well-known（よく知られた）
	unlike	前置詞	～とは異なり	
	upper	形容詞	上の	at the upper left of Figure 1（図 1 の左上に）
	useful	形容詞	有益な	useless（役に立たない）
	utilize	動 詞	利用する	utility（有用性）
V	vague	形容詞	曖昧な	obscure（曖昧な）
	validity	名 詞	妥当性	valid（妥当な）
	value	名 詞	価値	valuable（価値がある）
	variable	名 詞	変数	
	variation	名 詞	変動	
	variety	名 詞	多様性	a variety of factors（様々な要因）
	various	形容詞	様々な	vary（変容する）
	verify	動 詞	検証する	verification（検証）
	vertical	形容詞	縦の	vertically（垂直に）
	view	名 詞	考え方	
	viewpoint	名 詞	視点	from the viewpoint of A（A の観点から）
	virtually	副 詞	実際には	virtual（仮想的な）
	virtue	名 詞	利点	by virtue of the fact that S+V（～という事実によって）
	vital	形容詞	不可欠な	
W	weakness	名 詞	弱点	weaken（弱める）
	widely	副 詞	広く	broad（広い）
	worthwhile	形容詞	価値がある	
	worthy	形容詞	値する	worthy of further investigation（さらなる研究の値する）
Y	yield	動 詞	生み出す	

2章

技術英語を読んでみよう②
全部読まずに読む方法

1. 技術英語の読むべきところは決まっている

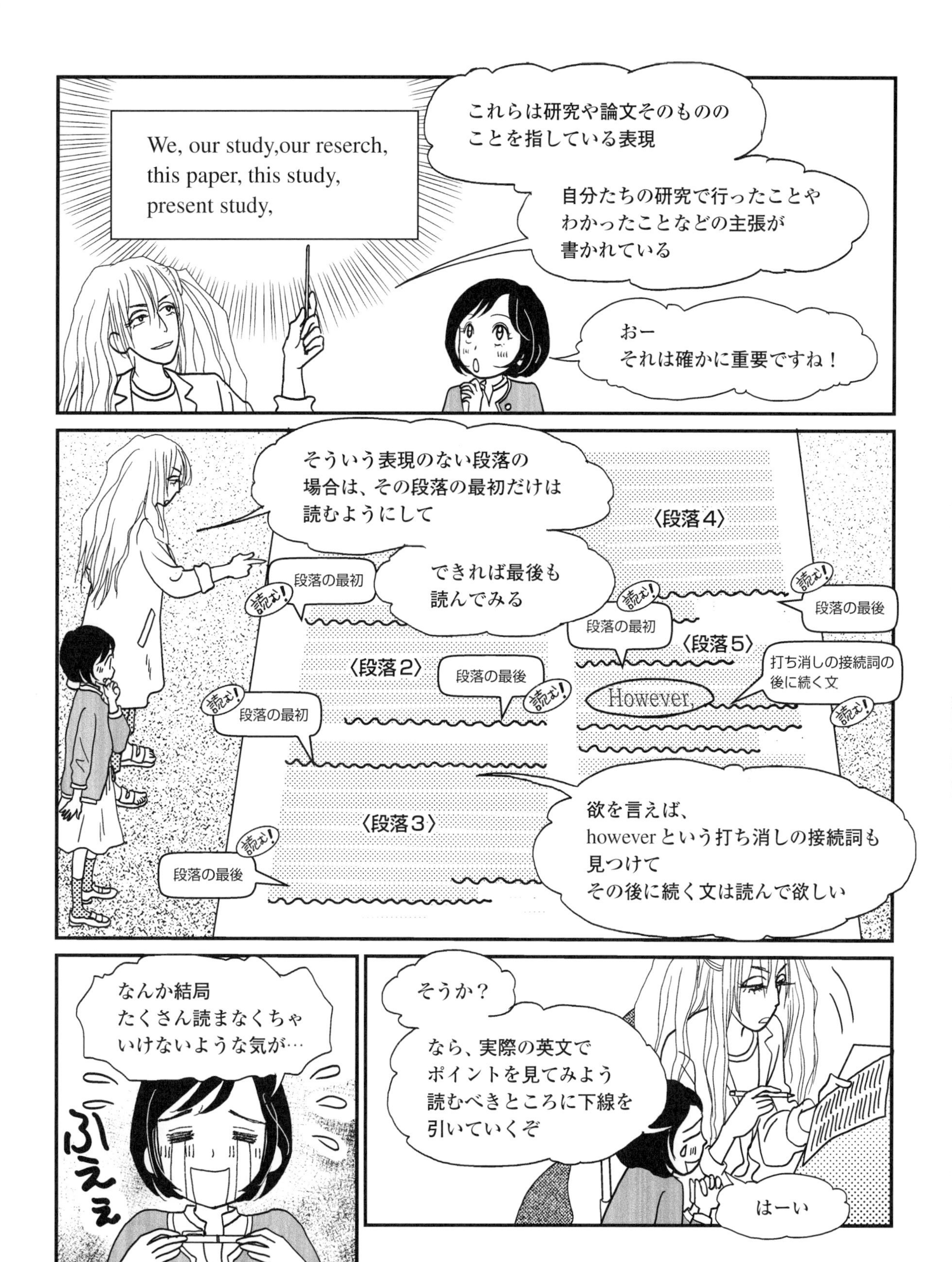
We, our study,our reserch,
this paper, this study,
present study,
これらは研究や論文そのもののことを指している表現
自分たちの研究で行ったことやわかったことなどの主張が書かれている
おー
それは確かに重要ですね！
そういう表現のない段落の場合は、その段落の最初だけは読むようにして
できれば最後も読んでみる
〈段落２〉
〈段落３〉
〈段落４〉
〈段落５〉
段落の最初
段落の最後
段落の最初
段落の最後
段落の最初
段落の最後
打ち消しの接続詞の後に続く文
However,
読む！
欲を言えば、
howeverという打ち消しの接続詞も見つけて
その後に続く文は読んで欲しい
なんか結局
たくさん読まなくちゃ
いけないような気が…
ふえぇ
そうか？
なら、実際の英文で
ポイントを見てみよう
読むべきところに下線を
引いていくぞ
はーい

The advertisement (hereafter, ad) is an essential element of a market economy. However, ads tend to be the most frustrating factor for website users because the positions of the ads are variable. For example, there are three positions for ad placement, as shown in Figure 1. Figure 1(a) shows the Up layout and the Inner-right-up layout, which is inserted in the news article. Figure 1(b) shows the Right-up layout. Unfortunately, when the ads are inserted in these high attention positions, they reduce the readability of the news articles.

Users visit news websites to find and read the information they need. A previous study points out the importance of the readability of information on websites - such as news websites, and how ads inserted in high attention positions may reduce content readability. However, as ad revenues are necessary for the operation of news websites, placing the ads in high attention positions also becomes a necessity.

When the ads on websites attempt to gain the user's attention, they compete with other elements and content of the website, such as articles, headlines, illustrations, etc. Therefore, previous studies have focused on the optimal placements for ads in order to increase user attention. And they have found that although users tend to ignore ads for the most part, attention levels can be increased by optimal placements. However, it is also important to consider the impressions, such as the emotions evoked, as a result of drawing their attention to the ads. Previous studies have assumed that there is a trade-off relation between the degree of a user's attention and the strength of the impression made by an ad, and have attempted to analyze these factors from the viewpoint of multi-objective optimization.

Previous studies have pursued the optimization of web layouts for effective ads. In this study, we also explore the optimal ad placements for high attention, effective impression, and high readability at the same time. The experiments will involve participants who are asked to view and provide feedback on a variety of page layouts on news websites. These results are then analyzed from the viewpoint of multi-objective optimization.

In this study, we conducted psychological experiments to explore the effective placement of ads in news websites. The participants of the experiment watch various types of news website samples in which ads are positioned in various layouts. Through these experiments, we measured (1) the eye fixations on the ads, (2) the impression of the ads in relation to the contents of the negative news articles, and (3) the readability of the news content.

We used six ad categories with high insertion frequency for three months: (1) service; (2) finance; (3) real estate; (4) information and communication; (5) cosmetics; and (6) leisure. The layouts employed in the experiments were the ten patterns as shown in Figure 2, where the bold square indicates the advertisement.

We conducted the following three types of psychological experiment in order to explore effective placements of ads in news websites. In each experiment, 20 participants randomly viewed 12 news website samples.

Table 1 shows the results of experiment 1. In this table, the rows indicate the three evaluation criteria for the eye fixation on the ads, while the columns indicate the 10 types of web layouts. The layouts that are high in value are the inner-right-up layout and inner-left-down layout. This result indicates that the eyes move across the ads when the ads are located at positions close to the news articles being read by the user.

Table 2 shows the results of experiment 2. In this table, the rows show the 2 types of SD scales. The up layout is high in value and the inner-right-down layout is low in value. This result is conflicting to the result of experiment 1.

Table 3 shows the result of experiment 3. In this table, the rows show the two types of SD scales. The layouts that are high in value are the down layout and the right-down layout, while the inner-left-up layout is low in value. Therefore, this result indicates that the level of attention achieved is in negative correlation to readability.

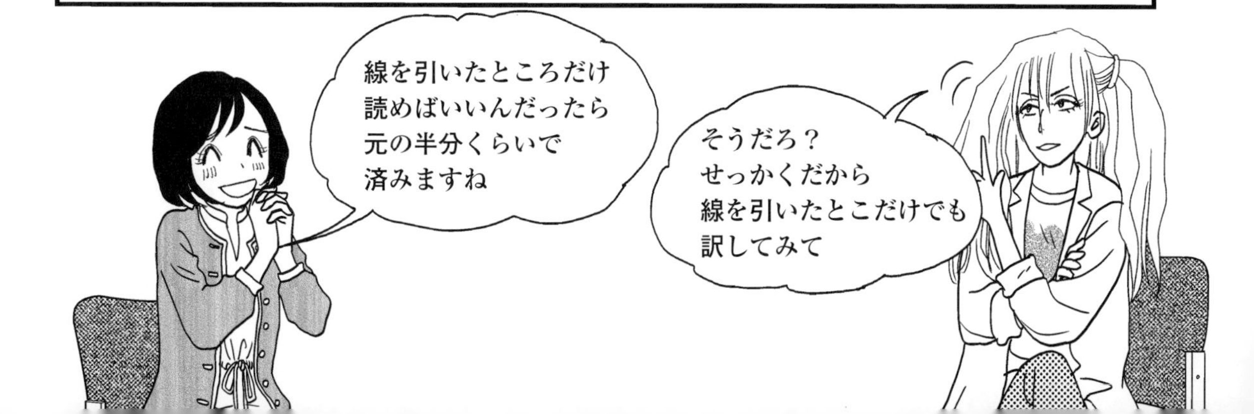

第1段落 広告は経済市場の必須要素である．しかし，広告の配置は多様なため，ウェブサイトを利用する際，最もいらいらする要因となりがちである．広告が注目度の高い位置に挿入されると，ニュース記事の理解度が下がる．

第2段落 注目度の高い位置に広告を配置しなければならない．

第3段落 ウェブサイトの広告がユーザにアピールしようとすると，記事やヘッドラインやイラストなどの，ウェブサイト上の他の要素と競合する．注意を引いた結果，どんな印象がもたれるか，といったことを考慮することも重要である．従来研究は，ニュースサイト上の広告の注目度と印象度はトレードオフの関係にあるとし，多目的最適化の観点から，広告の注目度と印象度を分析している．

第4段落 この研究では，高い注目度と高い印象度と高い理解度を同時に満たす，効果的な広告配置を探求する．この目的を，様々なレイアウトのニュースサイトを被験者が見る実験を行うことによって達成する．

第5段落 この研究では，ニュースサイトの効果的な広告配置を求めるために心理実験を行った．

第6段落 3か月間高頻度で挿入された6種類の広告カテゴリを用いた．

第7段落 我々は，ニュースサイトの効果的な広告配置を求めるために，3種類の心理実験を行った．

第8段落 表1は実験1の結果を示している．この結果は，広告がニュース記事の近くにあるときは，視線が広告の上を通っていることを示唆している．

第9段落 表2は実験2の結果を示している．この結果は実験1の結果と相対立している．

第10段落 表3は実験3の結果を示している．この結果は注目度と理解度は相対立しているということを示唆している．

2. 英語の基本文型に慣れながら重要なところを読もう

そうそう
英語はどんな文章も
主語 (Subject)
動詞 (Verb)
目的語 (Object)
補語 (Complement)
の四つの要素の組み合わせしかない
S＋V＋Cとかですよね？
なつかしー！
でももう忘れちゃいましたよ～…
私としては S＋O＋Sという
気分です…
主語＋目的語＋主語…？
そんな文型はないぞ？
はて…..
あぁそうか！
面白いことを言うな！
やるじゃないか！
……
SOSですよー！
やだなァ先輩

まー何も難しく考える
ことはない
S＋V
＋C
＋O
＋O＋O
＋O＋C
一見複雑に思えるかもしれないが
逆に言えば
この５文型のルールさえわかっていれば
英語の読み方がわかるということだ
そう言われれば
そうなんですけど…
それに５文型は
英文を書くときも
役立つ知識になるから
この機会に克服してしまおう
ぐっ
はーい
まずは５文型の構造を
おさらいしよう
５文型
英語の文章は
どんな複雑なものでも
この５種類の構造に分けられる

第1文型	主語（Subject）＋動詞（Verb）
第2文型	主語（Subject）＋動詞（Verb）＋補語（Complement）
第3文型	主語（Subject）＋動詞（Verb）＋目的語（Object）
第4文型	主語（Subject）＋動詞（Verb）＋目的語（Object）＋目的語（Object）
第5文型	主語（Subject）＋動詞（Verb）＋目的語（Object）＋補語（Complement）

第1文型 S+V

まずは第１文型について。
Ｓ＋Ｖ「She walks.」のような形の文章のことだ

主語（Subject）＋ 動詞（Verb）

例 | She | walks |

「彼女は歩く」

She　= 主語（日本語の「○○は」とか「○○が」というところに入る名詞）

walks　= 動詞（walkの主語がsheなのに合わせて変化したもの）

「She」が主語で「walks」が動詞だな。この型の動詞はほとんどが**目的語のいらない「自動詞」**といわれるものだ

じどーしってなんですか？

たとえば she walks だけで意味の通じる文として成立するような動詞のことだ

第2文型
S+V+C

主語(Subject)＋　動詞(Verb)　＋**補語**(Complement)

例　This　is　a pen

「これはペンです」

This　＝ 主語(日本語の「○○は」とか「○○が」というところに入る名詞)

is　＝ 動詞(be動詞の主語がThisといういわゆる三人称単数であることに合わせて変化したもの)

a pen　＝ 補語(主語はa penであるということを表すもの)

主語と動詞に**補語**というものが加わるんですね

A is Bという形がこの文型の基本で、**主語が何であるか、どんな状態にあるかを表すものが「補語」**だ

この文型でよく使われる「主語がどんな状態か」を表す動詞にはこのようなものがある

例) seem~「~と思われる」, feel~「~と感じる」, sound~「~に聞こえる」, look~「~に見える」, smell~「のにおいがする」, taste~「の味がする」, become~「になる」, remain~「のままである」, turn~「になる」

ただ、これらは日常的にはよく使われるが客観性が重視される論文などの技術英語ではあまり使われない

第3文型 S+V+O

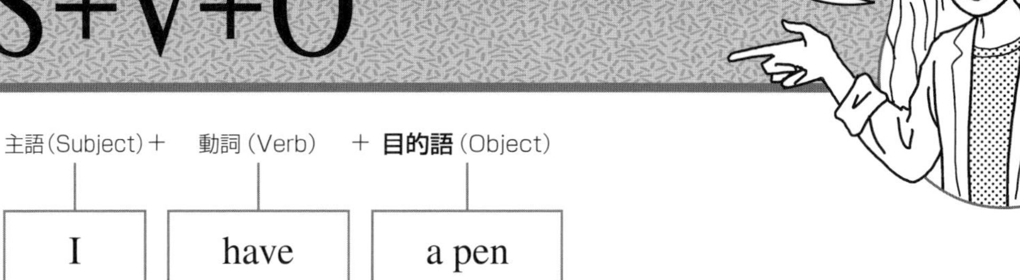

主語(Subject)＋ 動詞(Verb) ＋ **目的語**(Object)

例 | I | have | a pen |

「私はペンを持っています」

I　＝ 主語（日本語の「○○は」とか「○○が」というところに入る名詞）

have　＝ 動詞

a pen　＝ 目的語（日本語の「○○を」とか「○○に」というところに入る名詞）

第２文型で補語に入っていたところに目的語がくるんですね

ああ。この型の文の動詞は**目的語が必要な「他動詞」**と言われるものなんだ。たとえば、他動詞のhaveを使った文章としてI have（私は持っている）と言われても、「何を？」と思うだろ？

そりゃそうですね

他動詞は自動詞とは違い**単独では文として意味をなすことはできず**、「～を」「～に」といった日本語で表される部分に入る**目的語を必要とするんだ**。I have a pen in the box. のようにそのあとに続けることもできるが、in the box はなくてもいいような付属部分だぞ

S+V+O+O

第４文型はＳ＋Ｖ＋Ｏ＋Ｏ
「I give her a present.」の
形だな

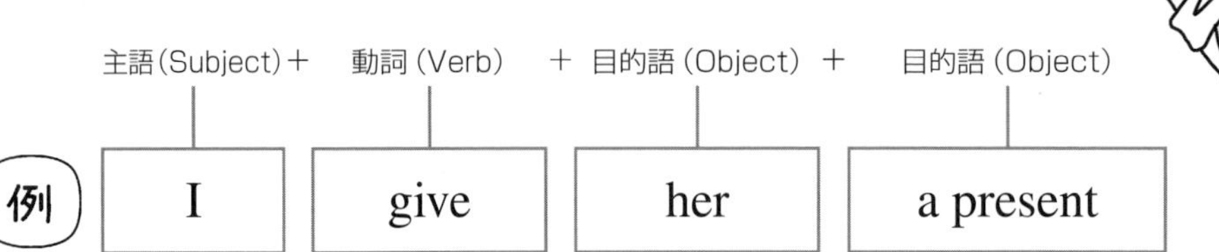

「私は彼女に贈り物をあげます」

I　＝ 主語（日本語の「○○は」とか「○○が」というところに入る名詞）

give　＝ 動詞

her　＝ 間接目的語（日本語の「○○に」というところに入る名詞）

a present　＝ 直接目的語（日本語の「○○を」というところに入る名詞）

「間接目的語」に「直接目的語」ですか…

ま、その言葉を覚えるよりも**「○○に」「○○を」という形**だということを理解して欲しい。
どんな長文でも動詞の後に目的語が二つ続けて出てきたら、動詞の直後の名詞を「○○に」と訳し、その次に出てくる名詞を「○○を」と訳せばいいんだ

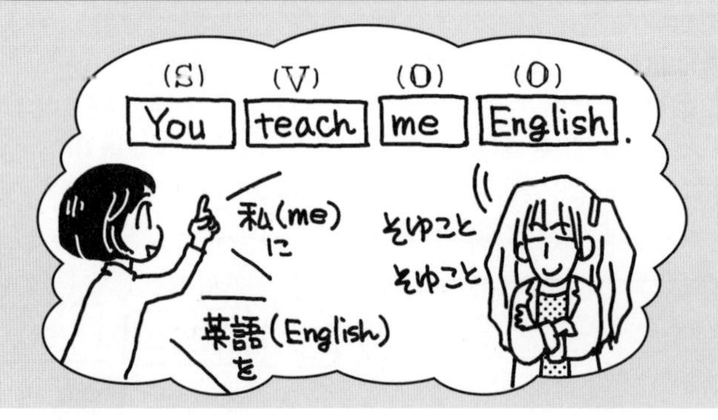

第5文型 S+V+O+C

最後は第5文型。
S＋V＋O＋C
「I think the girl attractive.」の形だ

主語(Subject)＋ 動詞(Verb) ＋ 目的語(Object) ＋ 補語(Complement)

例 | I | think | the girl | attractive |

「私はその女の子を魅力的だと思う」

I = 主語(日本語の「○○は」とか「○○が」というところに入る名詞)

think = 動詞

the girl = 目的語(日本語の「○○を」というところに入る名詞)

attractive = 補語(目的語が何であるか，どういう状態かを表す名詞や形容詞)

うーん…、第４文型と見分けるのが難しそうですね…

見分ける**ポイントは「目的語＝補語」の関係が成立しているかどうかだ。第５文型**「I think the girl attractive.」の場合 girl = attractive は成立するだろ？
だけど、第４文型「I give her a present.」だと her = a present は成立しない

S＋V＋O＋C の例

make A B「AをBにする」,
keep A B leave A B「AをBのままにしておく」,
think A Bやfind A Bやbelieve A Bや
consider A Bやsuppose A B「AをBと思う」

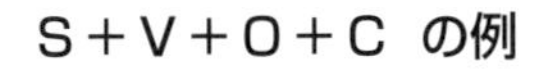

どんな長文でも
この文型を見つけるように
すれば怖くないし
ふむ….
慣れればどんどん速く
読めるようになるぞ

でも
簡単に見つけられる
ものですか？

V
ポイントはとにかく
「動詞」だ
自動詞なのか他動詞なのか
どういう文型に使われやすい
動詞なのかを
知っていれば楽勝だ
動詞か〜…
わかりましたっ

そういえば
今日こそ
お願いしたいこと
教えてくださいよ
ぎくっ

う…
江本さんはいつも
いきなりだな…

えっとだな…
もじ
はい？
もじ

だ
だ
だ
だ？

男性とどうやったら
仲良くなれるんだっ!?
ええっ!?

それは仲良くなりたい
男性がいると…?
コク

博井先輩
付き合ったこと
ないんですか?
コク

んー
そういえば
博井先輩って学校のこと
以外で男子と喋っているの
見たことないかも
いじいじ
だって
必要ないじゃないか…

まぁ確かに
けど、どうして私に
恋の相談なんですか?
江本さん彼氏
いるようだし…
男子とも気軽に話せてるから…

別れちゃいました
けどね
はっはー
えっ!
どうして?

「俺と研究どっちが大切なんだ」
って聞くから、正直に
「研究に決まってるじゃん」って
言いました!
あっさりー
まだ別れてないもん
ムシムシャ

あいしゃー…
そうなんだ…
気持ちは
わかるけど…
いいんです
今は男より研究ですから！

ところで
ずいっ
？

そ、それも
言わなくちゃダメか!?

博井先輩の気になっている
お相手とは
誰なんでしょ…？
うっふふふ

ずい ずい ずいっ
うう〜〜〜…！
絶対誰にも
言うなよ！
当然です
相手によって
アプローチ方法も
変わりますしぃ〜…

もちろんですっ！
ゴニョゴニョ…

I ♥ Curry
ええっ〜〜〜
チャダ君!?

文型を見つけてみよう

ここでは，マンガの中で出てきた次の英文の主語（S）と動詞（V）と目的語（O）と補語（C）を見つける練習をしてみましょう．読解で重要な所として下線を引いた部分について，細かいところにこだわらず，どのあたりが主語でどのあたりが動詞かといったおおざっぱな見方で考えてみてください．（　）に記号を入れてみましょう．マンガの中で重要部分とした下線を引いた部分だけ答えてみてください．

Advertisement (hereafter, ad) 1(　) is 2(　) an essential element of a market economy. 3(　)

ヒント これは A is B の典型的パターンです.

So the ads 4(　) tend to be positioned 5(　) in the high attention placement. 6(　)

ヒント be 動詞＋position という動詞の過去分詞形だから受動文ですよね．動詞の目的語はどこにあるでしょうか？

However, the ads 7(　) can be 8(　) the most frustrating factor 9(　) for internet users.

ヒント 助動詞の can がありますが A is B のパターンです.

When the ads are inserted in the high attention placement, they 10(　) reduce 11(　)

the readability of the news articles. 12(　)

ヒント reduce の意味や他動詞であることがわかりますか？ 動詞の知識が重要です.

When the ads in websites try to appeal to users, they compete with other elements and contents
13（　）14（　）

like articles, headlines, illustrations, etc., that are also placed on the websites.

ヒント compete は「競合する」という意味の自動詞として使われていることがわかりますか？

It is also important to consider what kind of impressions are evoked
15（　）16（　）17（　）15´（　）

by the ads when they draw the reader's (user's) attention.

ヒント いわゆる，It is to 構文であることに気づきましょう．

Previous studies assumed that the attention level and impression level of ads in news websites
18（　）19（　）20（　）

are in a trade-off relation,
20 のつづき

ヒント assume はこのような形で「～と推測する」という他動詞としてよく使われます．

and analyzed the attention level and the impression level of ads from the
21（　）22（　）

ヒント analyze は「を分析する」という意味の他動詞です．動詞の知識はやはり重要ですね．

viewpoint of the multi-objective optimization.

In this study, we also explore the effective placements of ads, which simultaneously achieves
23（　）24（　）25（　）

the highest attention levels,

ヒント explore という動詞を知っていますか？

the highest impression levels, and the high readability. We pursue this goal by
26（　）27（　）28（　）

ヒント pursue という動詞を知っていますか？

conducting experiments in which participants view a variety of page layouts of news websites.

In this study, we conducted psychological experiments to explore the effective placements of
29( ) 30( ) 31( )

ads in new websites.

ヒント conduct という動詞を知っていますか？

We used six kinds of ad categories.
32( ) 33( ) 34( )

ヒント use という動詞は知っていますよね.

We conducted three types of psychological experiments in order to explore effective
35( ) 36( ) 37( )

placements of ads in new website.

以下は，show と indicate という，技術英語論文でとてもよく使われる動詞です.

Table 1 shows the result of experiment 1.
38( ) 39( ) 40( )

This result indicates that the eyes move across the ads
41( ) 42( ) 43( )

when ads are located at positions close to the news articles being read by the user.

Table 2 shows the result of experiment 2. This result is conflicting to the result of
44( ) 45( ) 46( ) 47( ) 48( ) 49( )

experiment 1.

Table 3 shows the result of experiment 3.
50( ) 51( ) 52( )

These results indicate that the level of attention achieved is in negative correlation to readability.
53( ) 54( ) 55( )

できましたか？ 答えは次の通りです．

1. S	2 . V	3. C	
4. S	5. V	6. C	（ただし，この文は受動文なので主語は動詞の目的語）
7. S	8. V	9. C	
10. S	11. V	12. O	
13. S	14. V		
15. S	16. V.	17. C	15´. S　（to 不定詞以下は，仮主語 it の内容を表す）
18. S	19. V	20. O	（that 節の中にも SVC の文が入っていることに注意）
21. V	22. O		（主語は 18 番と同じ）
23. S	24. V	25. O	
26. S	27. V	28. O	
29. S	30. V	31. O	
32. S	33. V	34. O	
35. S	36. V	37. O	
38. S	39. V	40. O	
41. S	42. V	43. O	（that 節の中にも SV の文が入っていることに注意）
44. S	45. V	46. O	
47. S	48. V	49. C	
50. S	51. V	52. O	
53. S	54. V	55. O	（that 節の中にも SVC の文が入っていることに注意）

単語の意味がわかって，文の構造がわかれば，正確に訳すことが可能です．
この例文の全訳は以下の通りです．マンガ部分で重要個所としたところは下線を引いています．

広告（以降 ad と省略）は市場経済の必須要素である．そこで，広告は注目度の高い位置に挿入される傾向がある．しかし，インターネット利用者にとって，広告はもっとも煩わしさを生む要因となりうる．注目度の高い位置に挿入すると，広告はニュース記事の理解度を損なう．インターネット上の広告が利用者に訴求しようとする場合，広告はウェブサイトにおかれている記事やヘッドラインやイラストなど他の要素やコンテンツと競合する．注意を引いた結果として広告によってどのような印象が喚起されるかを考慮することも重要である．従来の研究は，ニュースサイト上の広告の注目度と印象度はトレードオフの関係にあると考え，多目的最適化という観点から，広告の注目度と印象度について分析していた．この研究において，われわれもまた高い注目度と高い印象度と高い理解度を同時に満たす広告の配置を探る．われわれは，被験者が様々なレイアウトのニュースサイトページを見るという実験を行うことによって，この目標の達成を目指す．この研究では，ニュースサイトにおける広告の効果的な配置を探るために，われわれは心理実験を行った．われわれは，6種類の広告カテゴリを用いた．ニュースサイト上の効果的な広告配置を探るために，われわれは3種類の心理実験を行った．表1は実験1の結果を示している．この結果は，利用者が読んでいる記事の近くに広告が置かれているときに，視線が広告の上を通っていることを示唆している．表2は実験2の結果を示している．この結果は実験1の結果と相反している．表3は実験3の結果を示している．これらの結果は，注目度と理解度は相反することを示唆している．

以上です．

1章で単語の知識の重要性はお伝えしましたが，やはり単語の知識，特に動詞の知識は文の構造を捉えるのに重要だということがおわかりいただけたと思います．動詞を中心にして，主語や目的語を見つけていく読み方に慣れると，重要な部分をかいつまんで読むことができるようになると思います．

3章

技術英語を書き始める前のステップ

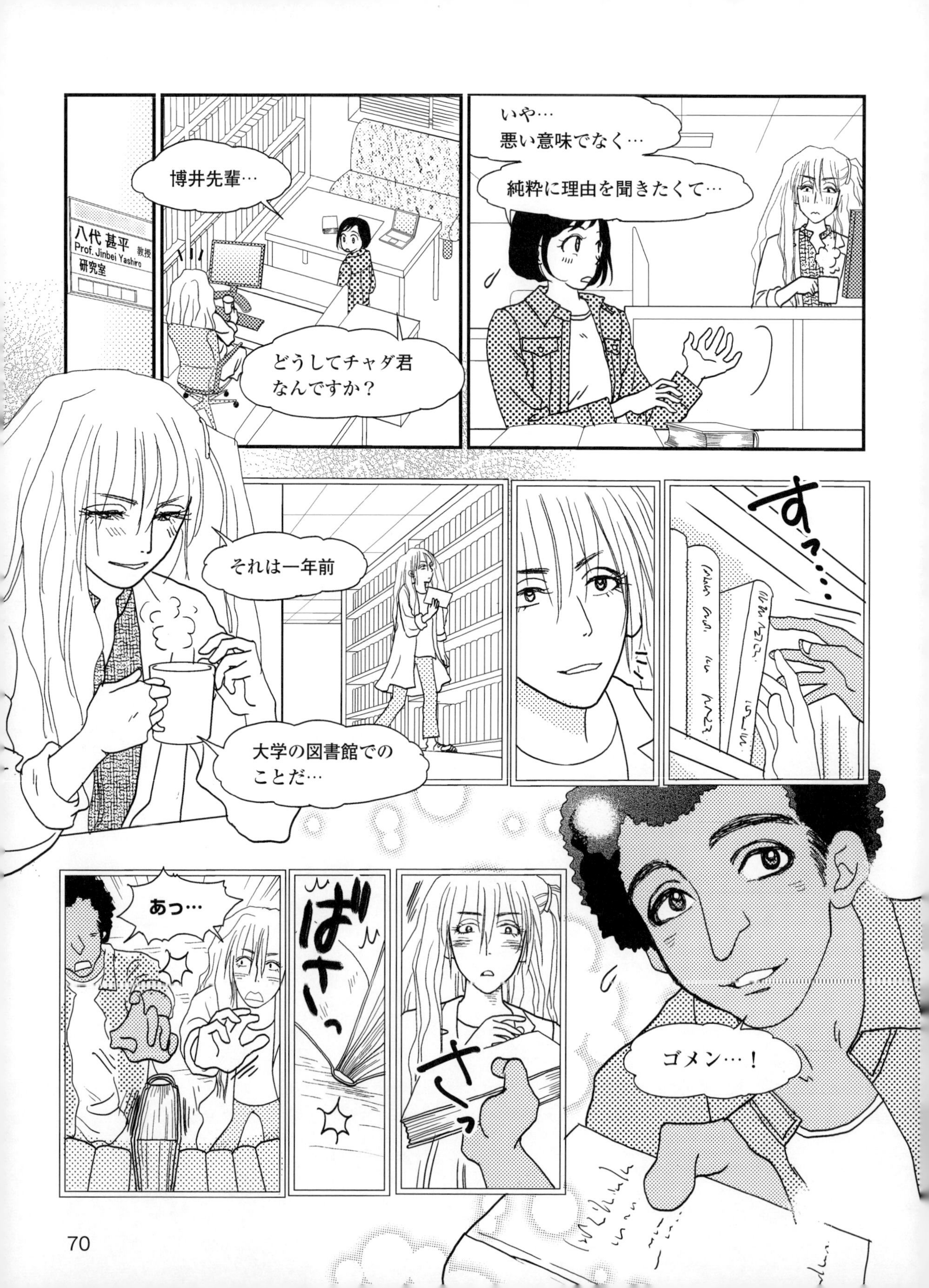
八代 甚平 教授
Prof. Jinbei Yashiro
研究室
博井先輩…
どうしてチャダ君
なんですか？
いや…
悪い意味でなく…
純粋に理由を聞きたくて…
それは一年前
大学の図書館での
ことだ…
す…
あっ…
ばさっ
さっ
ゴメン…！

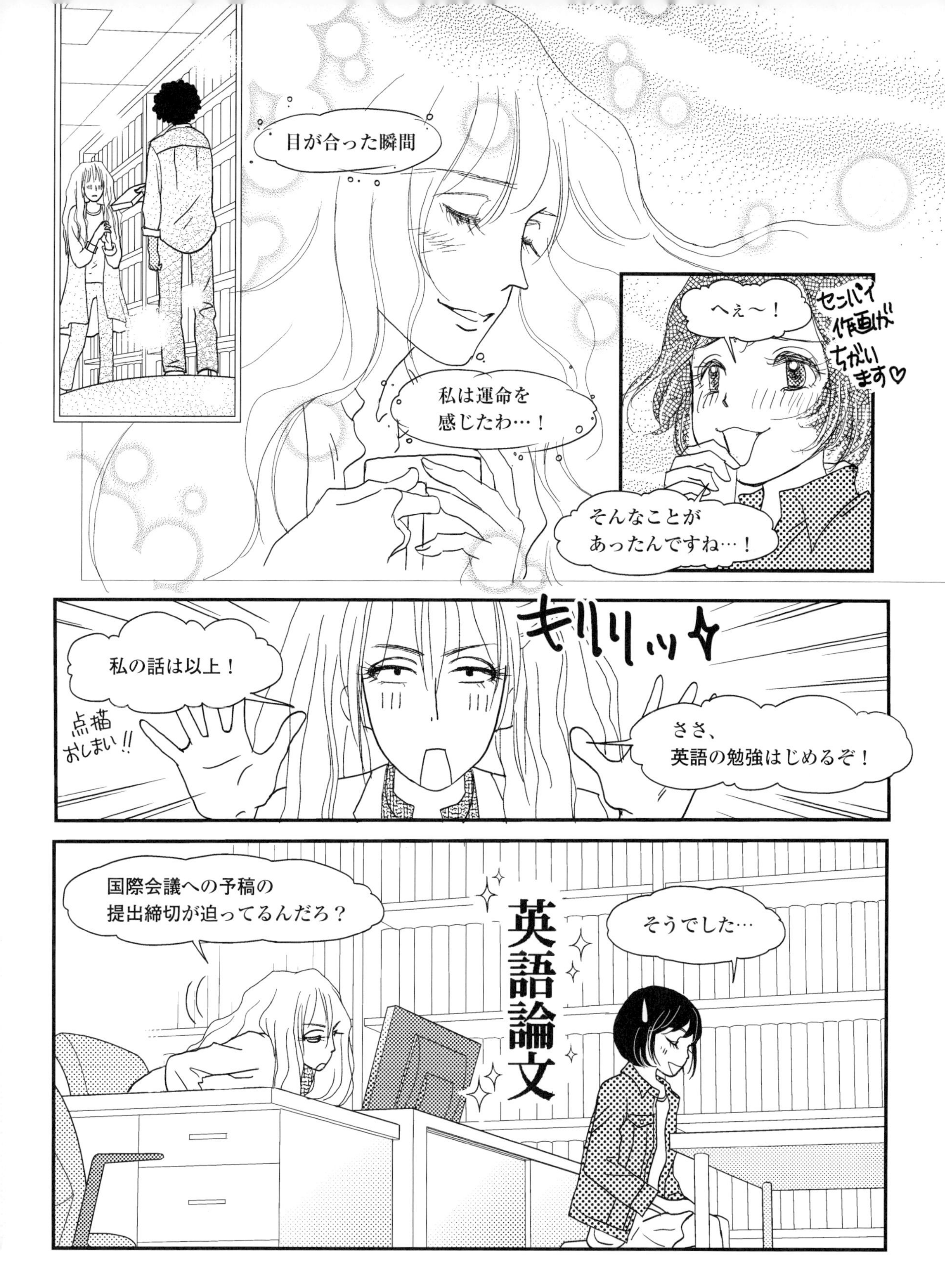

目が合った瞬間
私は運命を
感じたわ…！
へぇ～！
センパイ作画がちがいます♡
そんなことが
あったんですね…！
キリリッ
私の話は以上！
点描おしまい!!
ささ、
英語の勉強はじめるぞ！
国際会議への予稿の
提出締切が迫ってるんだろ？
英語論文
そうでした…

1. 予稿を直訳してみる

えっと、今回は
6ページだそうです
けっこう長いですよね…？
2ページっていう
国際会議もあるが
図表も含めて2ページというのは
まとめるのが
意外と難しいものだ
だから6ページのほうが
書きやすかったりするぞ
そうかいうもんですか？
そもそも
卒業論文の内容を6ページに
まとめるのって、それ自体
難しくないですか？
卒業論文発表会の
予稿を訳せばいい
あ
それなら持ってます
これですね…

1．序論

インターネットが普及した現在，インターネット広告の意義は大きくなった．
インターネット黎明期は，クリック率を指標としたレスポンス効果が重視されてきたが，近年は広告を見たことによる商品イメージへの影響などを指標としたインプレッション効果が注目されている．特にニュースサイトは，新聞を見るよりも容易に欲しい情報を見つけ出すことができるため，利用するユーザが多く，そこに挿入される広告の効果にも期待が集まっている．しかし，広告の挿入される配置箇所は，上部配置型や右横配置型が多く，Web サイトを見慣れているユーザは広告の配置箇所を既に知っているため，広告の注目度は小さくなるばかりである．しかし，一方で注目される箇所に広告を配置すれば，記事の内容によっては，広告の印象が悪くなる可能性があることに加え，ニュースサイトの本来の利用目的であるニュース記事が読みにくくなり，ニュースサイト自体の印象も悪くなる可能性がある．このように，一方の向上が他方の悪化につながる可能性のある関係をトレードオフの関係というが，本研究では，広告の注目度と印象度とニュースサイトの利便性という相反する 3 目的について多目的最適化技術を適用し，最適なデザインを追究する．

2．方法

本研究は，広告の注目度と印象度の 2 目的にニュースサイトの読みやすさ（利便性）という新たな要因を加え，3 目的による最適デザインを追究することである．

図 1：本実験の実験刺激（省略）

図 1 のような実験刺激 10 パターンに対して被験者にアンケート用紙にて評価してもらい，眼球運動測定装置を用いて注目度を測定し，その結果得られる「注目度データ」，「印象度データ」，「利便性データ」からパレート解 (最適デザイン) を求める．

3．実験

本実験では，被験者 1 人あたりに広告配置 10 パターンを用いたニュースサイト 12 個をランダムに閲覧させる．

実験 1 眼球運動測定装置を用いて広告への視線停留回数と時間を測定し，視線停留データを得た．

実験 2 ニュースサイトを閲覧させ，広告への印象を評価してもらい，印象データを得た．質問は「印象が良い - 悪い」「商品が欲しい - 欲しくない」「商品が好き - 嫌い」の 3 項目で，それぞれの項目を＋3 から－3 で評価をしてもらった．

実験 3 ニュースサイトを閲覧させ，ニュースサイトの利便性を評価してもらい，利便性データを得た．
質問項目は，予備実験により選定された「見やすい - 見にくい」「構成がわかりやすい - わかりにくい」の 2 項目で，それぞれの項目を＋3 から－3 で評価してもらった．

4．結果と考察

パレート最適解集合の判定式を用いて，パレート解を判定した結果，以下の 6 個がパレート最適解と判定された．

5．結論と今後の課題

ニュースサイトでよく使用される広告配置は，本研究で求めたパレート最適解には含まれておらず，現在の広告は最適ではないことがわかった．
本研究の最終目的は，記事内容がマイナス印象だった場合に，広告商品カテゴリを考慮し，広告を最適な配置に自動で挿入するシステムを構築することである．

まず「序論」を直訳
してみよう

直訳でいいんですか？

本当は
日本語を直訳すると
英文としては不自然なものに
なってしまうから
最初から英文で考えたほうが
いい

だが、普段日本語で物事を
考えている人がいきなり一から
英語で考えるなんて無理な話だ
こく
こく
まず無理せず
直訳で構わないさ

わかりました！
やってみますね
よかった！

直訳でいいんだったら
ネットの翻訳サービス使って
機械翻訳しちゃおう～
カチ……
へへっ

カタ
カタ
パラ……

インターネットが普及した現在，インターネット広告の意義は大きくなった.

The present when the Internet spread, the significance of Internet advertising became big.

インターネット黎明期は，クリック率を指標としたレスポンス効果が重視されてきたが，近年は広告を見たことによる商品イメージへの影響などを指標としたインプレッション効果が注目されている.

At the Internet dawn, the response effect that assumed a click rate an index has been made much of, but in late years the impression effect that assumed the influence on product image by having watched an advertisement an index attracts attention.

特にニュースサイトは，新聞を見るよりも容易に欲しい情報を見つけ出すことができるため，利用するユーザが多く，そこに挿入される広告の効果にも期待が集まっている.

Because the news site in particular can find out the information that I want easily than I watch a newspaper, expectation gathers for the effect of the advertisement that a lot of users using it are inserted in there.

どうだ？
進んでるか？
進んではいるの
ですが…

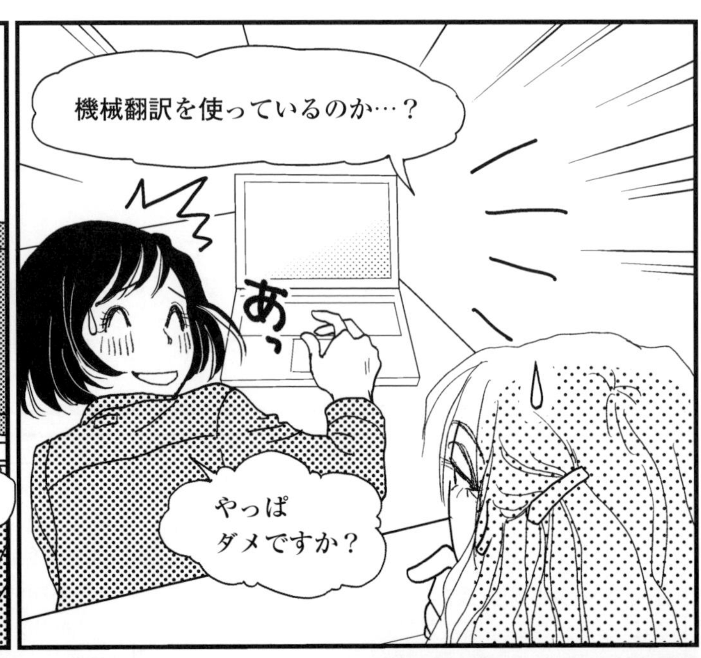
機械翻訳を使っているのか…？
あっ
やっぱ
ダメですか？

むぅ….
単語のヒントがもらえたり
するから、機械翻訳が
必ずしもいけないという
わけではないが…
元の日本語文によっては
問題が生じるぞ

そうなんですね…

カラ～ヤラ

機械翻訳は一つの文が
長くなってしまうし
文の構造も崩壊してしまう
どれどれ

ううっ…！

最後の文なんて酷いものだぞ？
「ニュースサイトが情報を見つける」という
意味になっているし
おまけに「たくさんのユーザがそこに
挿入される」なんて書いてある

うわぁ～…

訳した英文がおかしいことにも
気づかないんじゃ
機械翻訳は危険だ
パキン
すみません…

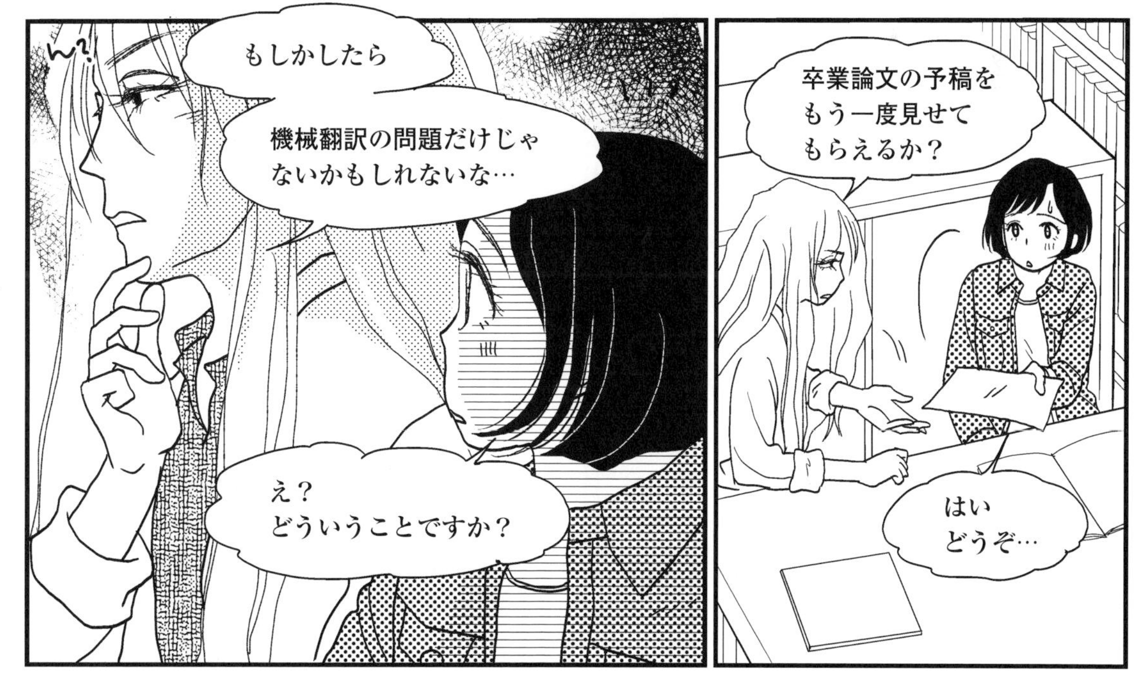
ん？
もしかしたら
機械翻訳の問題だけじゃ
ないかもしれないな…
え？
どういうことですか？
卒業論文の予稿を
もう一度見せて
もらえるか？
はい
どうぞ…

1．序論

インターネットが普及した現在，インターネット広告の意義は大きくなった．
インターネット黎明期は，クリック率を指標としたレスポンス効果が重視されてきたが，近年は広告を見たことによる商品イメージへの影響などを指標としたインプレッション効果が注目されている．特にニュースサイトは，新聞を見るよりも容易に欲しい情報を見つけ出すことができるため，利用するユーザが多く，そこに挿入される広告の効果にも期待が集まっている．しかし，広告の挿入される配置箇所は，上部配置型や右横配置型が多く，Web サイトを見慣れているユーザは広告の配置箇所を既に知っているため，広告の注目度は小さくなるばかりである．しかし，一方で注目される箇所に広告を配置すれば，記事の内容によっては，広告の印象が悪くなる可能性があることに加え，ニュースサイトの本来の利用目的であるニュース記事が読みにくくなり，ニュースサイト自体の印象も悪くなる可能性がある．このように，一方の向上が他方の悪化につながる可能性のある関係をトレードオフの関係と言うが，本研究では，広告の注目度と印象度とニュースサイトの利便性という相反する３目的について多目的最適化技術を適用し，最適なデザインを追究する．

2. 英語にしやすい日本語の書き方

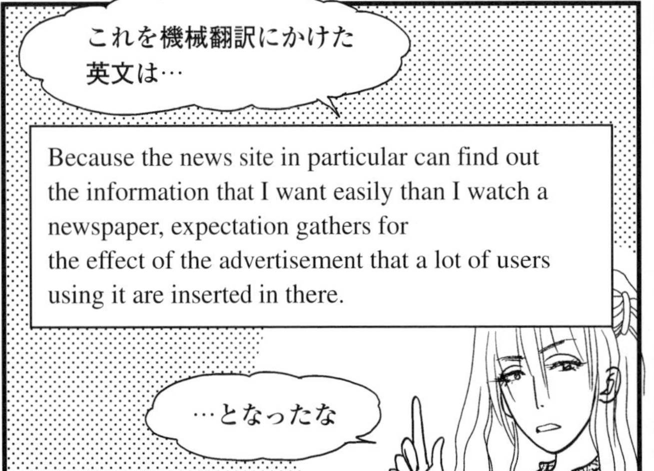
これを機械翻訳にかけた
英文は…
Because the news site in particular can find out the information that I want easily than I watch a newspaper, expectation gathers for
the effect of the advertisement that a lot of users using it are inserted in there.
…となったな

179文字もある１文に
なってしまっている…
単語数でいえば
39語もある
おおう…！
25語
はるかにオーバー!!

イメージとしてはこれの
半分くらいの長さになる日本語文を
書けばいい
特にニュースサイトは，新聞を見るよりも容易に欲しい情報を見つけ出すことができるため，利用するユーザが多く，そこに挿入される広告の効果にも期待が集まっている.
つまりこの文でいえば
日本語の文を二つに分けてみれば
いいということだな
半分ですねー!!
わかりました！

文を切るときの
ポイントは
「〜だったが，〜」や
「〜であるため（〜だから），〜」
というようにいわゆる
文と文をつなぐ役割を果たす
「接続詞」でつながっているところだ
接続詞で切る！
はーい

元の文章

特にニュースサイトは，新聞を見るよりも容易に欲しい情報を見つけ出すことができるため，利用するユーザが多く，そこに挿入される広告の効果にも期待が集まっている.

「〜欲しい情報を見つけ出すことができる」ってところで文章を切ればいいかな

変更

特にニュースサイトは，新聞を見るよりも容易に欲しい情報を見つけ出すことができる.

だから，利用するユーザが多く，そこに挿入される広告の効果にも期待が集まってきている.

そうだな。「だから」という接続詞で始まる文になるように切ったということだな。その調子で続けてみて

元の文章

「インターネット黎明期は，クリック率を指標としたレスポンス効果が重視されてきたが，近年は広告を見たことによる商品イメージへの影響などを指標としたインプレッション効果が注目されている.」

「〜が」のところが接続詞っぽいから、そこで切ればいいね！

インターネット黎明期は，クリック率を指標としたレスポンス効果が重視されてきた.

しかし，近年は広告を見たことによる商品イメージへの影響などを指標としたインプレッション効果が注目されてきている.

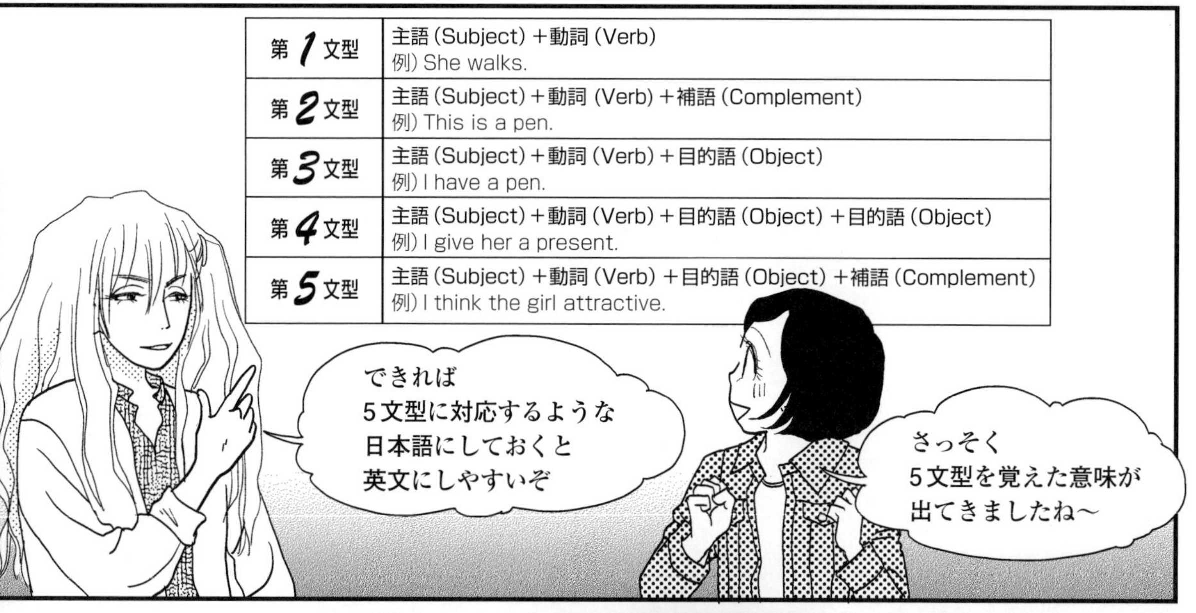

第1文型	主語（Subject）＋動詞（Verb） 例）She walks.
第2文型	主語（Subject）＋動詞（Verb）＋補語（Complement） 例）This is a pen.
第3文型	主語（Subject）＋動詞（Verb）＋目的語（Object） 例）I have a pen.
第4文型	主語（Subject）＋動詞（Verb）＋目的語（Object）＋目的語（Object） 例）I give her a present.
第5文型	主語（Subject）＋動詞（Verb）＋目的語（Object）＋補語（Complement） 例）I think the girl attractive.

元の文章

特にニュースサイトは，新聞を見るよりも容易に欲しい情報を見つけ出すことができるため，利用するユーザが多く，そこに挿入される広告の効果にも期待が集まっている．

この文も長いからまずは接続詞のところで切り分けて…

変更

特にニュースサイトは，新聞を見るよりも容易に欲しい情報を見つけ出すことができる．

そのため利用するユーザが多く，そこに挿入される広告の効果にも期待が集まっている．

次に動詞と主語を明確にっと…。上の文章は「見つけ出す（ことができる）」が動詞で、主語はなんだろ？　ニュースサイトじゃないし、「私」や「あなた」でもないしなぁ…？

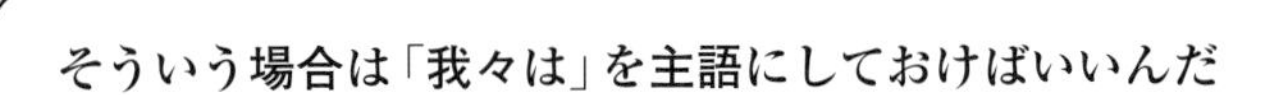

あーなるほど！　それなら
「特にニュースサイトは，我々は新聞を見るよりも容易に欲しい情報を見つけ出すことができる．」ですね！

「見つけ出す」は「〜を見つけ出す」というように、「目的語」があるはずだ。だから、この文では「欲しい情報を」という部分が目的語ということを確認して、マークしておけば英文にするとき便利だ。
具体的に5文型に当てはめて目的語をマークするとこうなるな

特にニュースサイトは，我々は新聞を見るよりも容易に欲しい情報を 見つけ出すことができる．

（「我々は」＝S、「欲しい情報を」＝O、「見つけ出す」＝V）

あれ？　でも、「は」が二つ出てきてしまっていて日本語だと変な感じがしますが…？

よく気づいたな！　そう、「ニュースサイトは」の「は」をどうするかが問題だ。実は、「は」「が」「を」「に」「へ」「で」などの日本語の助詞で表される部分が、動詞との関係で、どのような役割を果たすものなのかを、わかりやすくしておくことが大切なんだ

と言いますと…？

たとえば、「ニュースサイト」が「見つけ出す」という動詞との関係で果たしている役割をより正確に表すには、「ニュースサイトにおいては」というように、情報を見つけ出す「場所」としての役割を果たしていることをはっきりさせておくと、文の意味があいまいにならない

英語を書くときに、どの前置詞を使ったらいいかを
考えるうえでもとても大切なことなんだ

英語の前置詞の使い分けって難しいですよね…

そうだな。だからこそ、日本語の助詞で表されている
部分を正確に表現して、英語の前置詞にしやすい和
文を作っておくことが大切だぞ

これまでのことを反映させると、こうなりますね！

特にニュースサイトにおいては，
我々は新聞を見るよりも容易に欲しい情報を 見つけ出すことができる．
S　O　V

はぁ――
英訳しやすい
日本語を書くにも
コツがあるんですね

いろいろ話したが
コツをまとめると…
☆文を短く！
☆動詞に注目！
☆名詞の役割を考える！
って感じだな

そうだな
そんな感じで他の
日本語文も整理してみて
だったら
インターネットの黎明期は
の「は」も
インターネットの黎明期には
としたほうがいい
ということですね！

いいぞ
カチ
カチ
ガタッ
よーし！

はい！
ここで続けるので
またできたら見てください

ふえぇ――
今晩食べるつもりだった
レトルトカレーを忘れて
きちゃったヨー！
あ、チャダ君！
ちょうどよかった！
ナニが？
『カレーテーマパーク』が
できたの知ってる？
ワオ!?

今度一緒に行かない？
博井先輩も一緒に！
イイネー！
ぶふぶーーーっ

英語にしやすい日本語を書いてみよう

マンガの中で出てきた卒業論文の予稿を，英語にしやすい日本語に変えてみましょう．次のステップでやってみてください．

Step1 1 行に収まる程度の短い日本語で書けることに気づきましょう．

Step2 2 章でも触れましたが，動詞部分を中心に文の主要な構造を捉えてみましょう．なくなっても意味が通じるところは括弧でくくってしまいましょう．

Step3 どこが主語（Subject）でどこが動詞 (Verb) にあたるのか，明確にしておきましょう．そうすると，英語にするときに楽です．ここでの Verb は実際に英語にしたときに動詞で表すのかどうかはあまりこだわらずに，主語と述語程度の捉え方で結構ですが，できれば，目的語もマークしておきましょう．

では，始めましょう．

インターネットが普及した現在，インターネット広告の意義は大きくなった．

⬇

現在，インターネットは（S） 普及した（V）．インターネット広告の意義は（S），大きくなった（V）．

インターネット黎明期は，クリック率を指標としたレスポンス効果が重視されてきたが，近年は広告を見たことによる商品イメージへの影響などを指標としたインプレッション効果が注目されている．

⬇

インターネット黎明期には，クリック率を指標としたレスポンス効果が（S），重視されてきた（V（受動文））．

しかし，近年は，インプレッション効果が（S），注目されている（V（受動文））．

インプレッション効果は（S（前の S と同じだから関係代名詞で表せるかも？）），広告を見たことによる商品イメージへの影響などを（O） 指標としている（V）．

＊前の S と同じだから関係代名詞にして前の文とつないで書くことができるかも？　この文は受動文で表すのがよさそうだ，など，日本語の文を書くときに，英語にする場合のことを意識して

書けるとよいでしょう．

特にニュースサイトは，新聞を見るよりも容易に欲しい情報を見つけ出すことができるため，利用するユーザが多く，そこに挿入される広告の効果にも期待が集まっている．

⬇

特にニュースサイトにおいては，我々は（S），新聞を見るよりも容易に，欲しい情報を（O），見つけ出すことができる（V）．

だから，ニュースサイトを利用するユーザは（S），多い（V）．

また，ニュースサイトに挿入される広告の効果は（S），非常に期待されている（V（受動文））．

しかし，広告の挿入される配置箇所は，上部配置型や右横配置型が多く，Web サイトを見慣れているユーザは広告の配置箇所を既に知っているため，広告の注目度は小さくなるばかりである．

⬇

広告が挿入される配置箇所の多くは（S），上部配置型や右横配置型である（V（AはBである，だからＳＶＣの文かな？））．

Web サイトを見慣れているユーザは（S），広告の配置箇所を（O），すでに知っている（V）．

そのため，広告の注目度は（S），どんどん小さくなっている（V）．

しかし，一方で注目される箇所に広告を配置すれば，記事の内容によっては，広告の印象が悪くなる可能性があることに加え，ニュースサイトの本来の利用目的であるニュース記事が読みにくくなり，ニュースサイト自体の印象も悪くなる可能性がある．

⬇

一方，広告が注目される箇所に配置されたときには，記事の内容が（S），広告の印象を（O），悪くするかもしれない（V）．

さらに，（ニュースサイトの利用目的である）ニュース記事が（S），読みにくくなるかもしれない（V）．

ニュースサイトの印象も（S），悪くなるかもしれない（V）．

このように，一方の向上が他方の悪化につながる可能性のある関係をトレードオフの関係と言うが，本研究では，広告の注目度と印象度とニュースサイトの利便性という相反する３目的について多目的最適化技術を適用し，最適なデザインを追究する.

⬇

一方の向上が他方を悪化させるかもしれない関係は，トレードオフの関係と呼ばれる.
S　V（受動文？）

本研究は，相反する３目的に対して，多目的最適化技術を，適用する.
S　O　V

その３目的は，広告の注目度と印象度とニューサイトの利便性である.
S（前のSと同じだから関係代名詞かな？）　V（AはBである，だからＳＶＣの文かな？）

そして，本研究は，最適なデザインを，追究する.
S　O　V

図３のような実験刺激 10 パターンに対して被験者にアンケート用紙にて評価してもらい，眼球運動測定装置を用いて注目度を測定し，その結果得られる「注目度データ」，「印象度データ」，「利便性データ」からパレート解 (最適デザイン) を求める.

⬇

我々は，被験者に，図３のような実験刺激 10 パターンを，評価してもらう.
S　O　O　V

我々は，眼球運動測定装置を用いて，注目度を　測定する.
S　O　V

我々は，得られた「注目度データ」，「印象度データ」，「利便性データ」から，
S

パレート解（最適デザイン）を　求める.
O　V

本実験では，被験者１人あたりに広告配置 10 パターンを用いたニュースサイト 12 個をランダムに閲覧させる.

⬇

本実験では，各被験者は，広告配置 10 パターンを用いたニュースサイト 12 個を，ランダムに閲覧する.
S　O　V

実験１：　眼球運動測定装置を用いて広告への視線停留回数と時間を測定し，視線停留データを得た.

⬇

実験１：我々は，眼球運動測定装置を用いて，広告への視線停留回数と時間を，測定した.
S　O　V

実験２：　ニュースサイトを閲覧させ，広告への印象を評価してもらい，印象データを得た.

⬇

実験２：　我々は，被験者に　ニュースサイトを　閲覧させ，広告への印象を　評価してもらった.
S　O　V　O　V

その結果として，我々は，印象データを　得た.
S　O　V

質問は「印象が良い - 悪い」「商品が欲しい - 欲しくない」「商品が好き - 嫌い」の３項目で，それぞれの項目を +3 から－３で評価をしてもらった.

⬇

質問は，「印象が良い - 悪い」「商品が欲しい - 欲しくない」「商品が好き - 嫌い」の３項目だった.
S　V（AはBである，だからＳＶＣの文かな？）

被験者は，それぞれの項目を，+3 から－３で　評価した.
S　O　V

実験３：　ニュースサイトを閲覧させ，ニュースサイトの利便性を評価してもらい，利便性データを得た.

⬇

実験３：　我々は，被験者にニュースサイトを　閲覧させ，ニュースサイトの利便性を　評価してもらった．その結果として，我々は，利便性データを　得た.
S　O　V　O　V　S　O　V

質問項目は，予備実験により選定された「見やすい - 見にくい」「構成がわかりやすい - わかりにくい」の２項目で，それぞれの項目を +3 から－３で評価してもらった.

⬇

質問項目は，「見やすい - 見にくい」「構成がわかりやすい - わかりにくい」の２項目だった.
S　V（AはBである，だからＳＶＣの文かな？）

それらの２項目は，　予備実験によって選定された.
S（前の文と同じだから関係代名詞にできるかな？）　V（受動文かな？）

パレート最適解集合の判定式を用いて，パレート解を判定した結果，以下の６個がパレート最適解と判定された．

⬇

我々は，パレート最適解集合の判定式を用いて，パレート解を　判定した．
S　O　V

その結果として，我々は，以下の６個を　パレート最適解と判定した．
S　O　V

＊この文は受動文にしてもよさそうですが，前の文の主語と一致させた方がよい場合もあります．

ニュースサイトでよく使用される広告配置は本研究で求めたパレート最適解には含まれておらず，現在の広告は最適ではないことがわかった．

⬇

ニュースサイトでよく使用される広告配置は，本研究で求めたパレート最適解には含まれていなかった．
S　V（受動文）

本研究の最終目的は，記事内容がマイナス印象だった場合に，広告商品カテゴリを考慮し，広告を最適な配置に自動で挿入するシステムを構築することである．

⬇

本研究の最終目的は，広告を最適な配置に自動で挿入するシステムを構築することである．
S　V（ＡはＢである，だからＳＶＣの文かな？）

そのシステムは，記事内容がマイナス印象だった場合に，　広告商品カテゴリを　考慮する．
S（前の文のシステムと同じだから，関係代名詞でつなげる？）　O　V

以上です．英文にできそうな日本語になりましたか？

日頃，研究室の学生が，自分が書いた不正確な日本語を英語に訳そうとして苦労している様子を目にしています．彼らが作文した英語論文は，そもそも何を書きたかったのかもわからないようなものになっていることがほとんどです．そのため，英語と一緒に日本語版も提出してもらうのですが，その日本語も非論理的な文章になっていたりします．主語が何で，目的語が何か，などもわからないような，不正確な日本語を英語にするのが難しいのは当たり前です．まして，そのような日本語の文が何行にもわたって続いていたりしたら，もう意味がわからない呪文のようになってしまいます．まず，英語の文型に当てはめやすい，主語や目的語が明確で，かつ簡潔な日本語の文を書くことから，ぜひ始めてみてください．

4章

中学レベルの文法で技術英語を書いてみる

カレーうどんも忘れずに
カレーパン食べてべ!
CURRY PARK MAHARAJA
いらっしゃいませー！
なんで白衣なんですかっ!?
べ…別にいいだろ!?
うわー！ナンデスカここは!?
ようこそ!
CURRY PARK MAHARAJA
カレーイッパイ!!!
GUIDE
夢の国ですネー！
うき♡
うき♡

おいーしーい♡
これは初めて……
イタダキマース！
？
ワーイ屋台の味だってー♡
カレーソフト…
黄色いぞ……
なんでもカレー味だと美味しいね！

もう食べおわってる……
カサ……
えっと…
予稿をわかりやすい
日本語に描き直してもらったものを
読んだが…
えっ！
ここで英語の話をするんですか…!?
オヤー

リナちゃん
英語で論文書くん
だってネー！
ボクも一緒に
話を聞くヨー！
チャダ君も
そう言うなら…
ハ～イ
はじめ
ましョー
あそびに
来た
のに——

そ、そうよ!?
他に何話して
いいかわからないし…
ああ……
コソ…

これを元に英文にして
いくんですよね？
ああ。基本は
５文型に当てはめて
いけばいいのだが
技術英語を書くときには
客観的事実として伝わる
英文にする必要がある

そのためにはいくつかの
文法的テクニックも
使わなくてはならない
それって
どんなものですか？
具体的には
受動文
と
無生物主語
それと 関係代名詞 だな
順番に説明していこう

1. 能動文と受動文

まずは
「受動文」の話だ
受動文を使うことで
客観的な文章に
することができる
受動文とか能動文とか
聞くと、高校の授業を
思い出します
能動文・受動文を
習うのは
中学だがな…
若かったなーっ
※女子高生 リナ
中学英語
授業の内容はあまり
覚えていませんが
「私は興味があります」を
「I am interesting」と書いて
先生に笑われたことは
今でも覚えてます…
ぷっ
I am interesting.
え
あうっっ
I am interesting. だと
私は興味を持たせる人だ つまり 私は面白い人だ
という意味になってしまうからな
正しくは
I an interested. だな
そうなんです
ね…
そりゃ
笑われるよね

だから受動の形に
しなくちゃいけないん
ですね

「interesting」も
「interested」も
動詞の「interest」からできた
形容詞だ
元のinterestは
A interest B
で
「AがBに興味をもたせる」
となる
A
B
興味

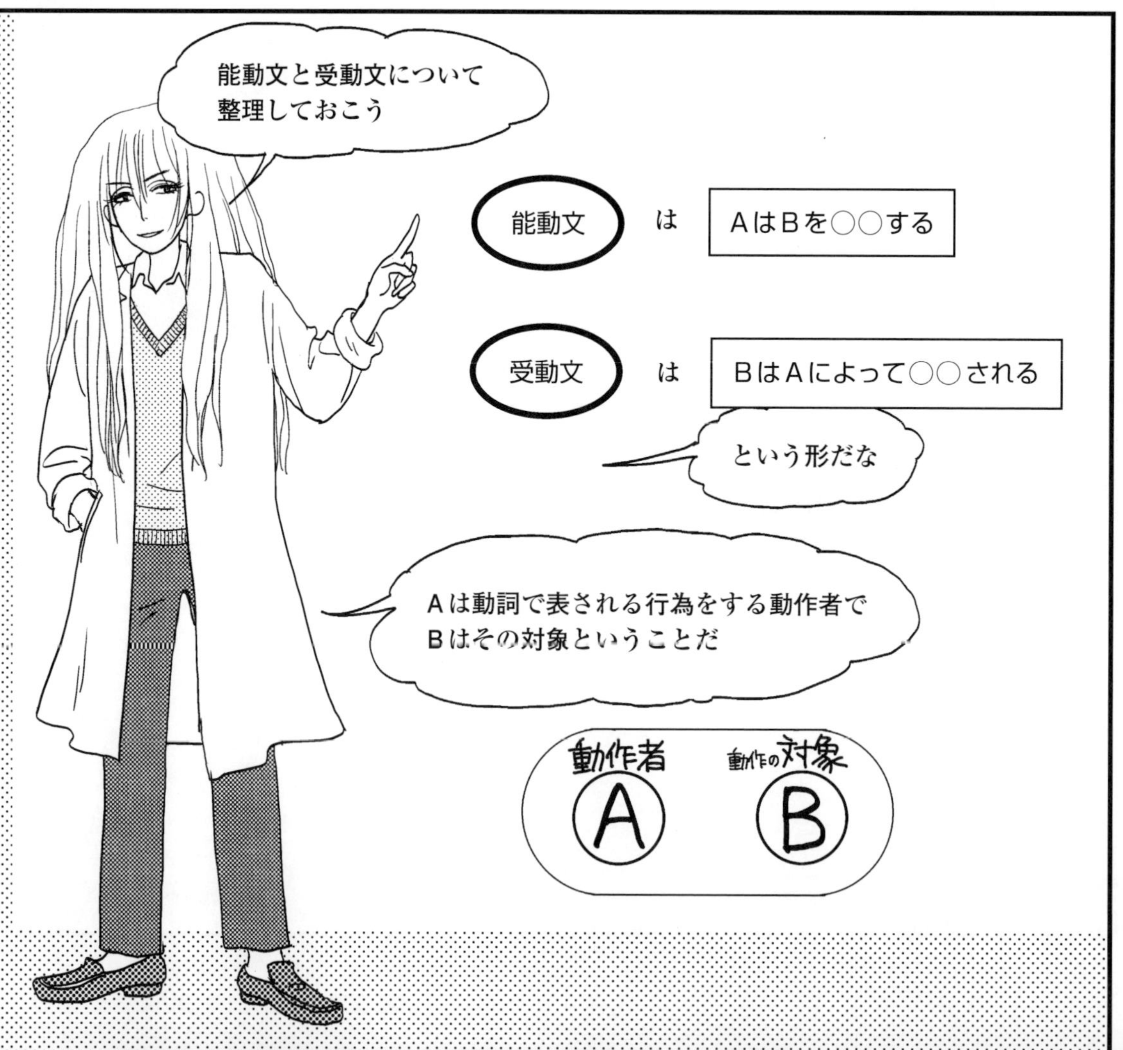
能動文と受動文について
整理しておこう
能動文
は
AはBを○○する
受動文
は
BはAによって○○される
という形だな
Aは動詞で表される行為をする動作者で
Bはその対象ということだ
動作者
動作の対象
A
B

能動文だと
動作主体A
おっと
Rina broke the mug.
リナちゃんはマグカップを壊した
CRASH!
で、
これを受動文にすると
対象B
The mug was broken by Rina.
マグカップはリナちゃんによって壊された
になるってことだネ！

マグカップ…
もしかして
研究室にあった私の
マグカップを割ったのって…

……

受動文の作り方は簡単だ！「Rina broke the mug.」で作り方を見てみよう

Rina broke the mug.

ステップ１　能動文の目的語を，受動文の主語にする．

the mug ▶ The mug

ステップ２　能動文の動詞を，be＋動詞の過去分詞形にする．

broke ▶ was broken

このとき、主語の人称と数（この場合、The mug は３人称で単数）と時制（この場合、過去）に気をつけて、be を適切な形に変える

ステップ３　能動文の主語を，byの後に置く．

この例文の場合はRinaだから形は気にしなくていいけど sheという代名詞を前置詞の後ろに置く場合は、herに変える。ただし、「○○によって」ということを表すby 以下は、誰がどうした、ということを明示しないために受動文を使ったりするわけだ。だから、表さなくていいことの方が多いんだ

The mug was broken by Rina.

実際の技術英語ではこんな風に使われるぞ

例文１) Our system is built in a personal computer.

能動文だと、We build out system in a personal computer. だ。だが、言いたいことは、誰がそうしたかではなく「我々のシステムがパーソナルコンピュータに構築されている」ということだから、受動文にした方がいいんだ

例文２）The results are shown in Table 1.

能動文だと、We show the results in Table 1. だけど、誰が結果を表１に挙げているかは自明だし、「結果は表１に示されている」ということがわかればいいから受動文がいい

次の例文はちょっと判断が必要だ

例文３）The efficiency of our method was verified by the experimental data.

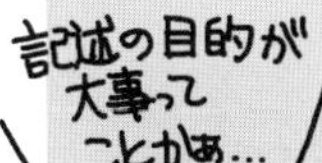

能動文だと、The experimental data verified the efficiency of our method. となるんだけど、この場合は、能動文でも受動文でもどちらでもよさそうだ。どちらがよいかの判断は「我々の手法の有効性が実証された」ということが言いたいことなのか、「手法の有効性を実証できるような実験データ」が重要なのか、ということだ。前者なら受動文を、後者なら能動文でいいということになる

受動文にした方がいいかどうかの判断は結構難しそうですね…

技術英語で最も受動文が使われるのは、「結果」を示す節で特に、図表が登場するところだ。だから、そこで例文２）のような受動文を積極的に使うようにしてみるといいだろう

受動文と同じように
「無生物主語」も
客観的に事実を
提示するときに
よく使われるものなんだ
無生物主語
無生物ってロボット
とかですか？
まー確かに
それも無生物だネー！
じゃー なくて〜〜
ちがうんだって一
生物ではないものが
主語になることだ
たとえば…
The bus will take you to the station.
STATION
BRRRR….
や
5min
PARK
Five minutes' walk will bring you to the park.
の主語だな
「バス」や「５分の徒歩」は確かに
生き物じゃないですね…
でも
そのバスはあなたを駅まで
連れて行きます
とか
５分の徒歩があなたを
公園に連れてきます
ソウダネー
って日本語としては不自然
ですよねー…

無生物主語の文の考え方には
コツがある
高校では
無生物主語の主語を
「副詞句」のように訳して
目的語を主語にして訳す
と教えてもらったんじゃ
ないか？
あぅ――
そう言われるとかえって
わけわからないのですが…
副詞句
副詞句とは
2語以上の単語が副詞の役割を
するもののこと
だ
副詞
副詞というのは
前に説明した通り
「ゆっくりと」や「とても」のような
動詞や文を修飾する単語のこと
うーん
わかるようなわからないような…
ずび
これは具体的な例を
見ていった方がいいな
ヨロシク
おねがい
しまーす

一般的な英語でよく使われる副詞句には
次のようなものがあるぞ

1　条件・手段・方法を表す場合
「～すれば，～によって」と訳す．

「The bus will take you to the station.」や
「Five minutes' walk will bring you to the park.」は
このパターンだから
「バスに乗れば、駅に着く」「5分歩けば、公園に着く」
と訳せば自然な文になる

2　原因・理由を表す場合
「～のために，～の理由で」と訳す．

「The heavy rain forced us to stay at home.」は
「激しい雨のために、私たちは家に
いなければならなかった」と訳せば自然だろう

日本語では、主語は動作の主体が基本だから、自分から
動くことのない無生物が主語になるということは
普通ないですよねー

英語では無生物も述語で表される出来事を引き起こした
因果関係の出発点であれば主語になる資格を持てる。
だから、動作を行えないような無生物も、主語の位置に
くることができるんだな

さっき挙げたのは一般的な英語でよく使われる
無生物主語のパターンだが、技術英語でよく使われる
無生物主語には次のようなパターンがある

「〜では」と訳すタイプ

This paper argues that 〜 = In this paper, we argue that 〜
「この論文では　〜ということについて議論する」

This paper deals with 〜　= In this paper, we deal with 〜
「この論文では　〜について扱う」

This study shows that 〜　= In this study, we show that 〜
「この研究では　〜ということを示す」

技術英語でよく使われる無生物主語は
一般的な英語でよく使われる
無生物主語よりも
パターンが決まっていて
慣れれば
違和感もなくなる
ソウダネー——

「～では」と訳す
タイプがすべて
ですか？

さすがにそれだけじゃ
ないな
よく使われるパターンを
昔まとめたものがあるから
今度研究室に
持って行こう
ありがとうございます！

博井さんは
優しいネー！

かあーっ
……
ひー
ふふっ
にこにこ

2. 関係代名詞

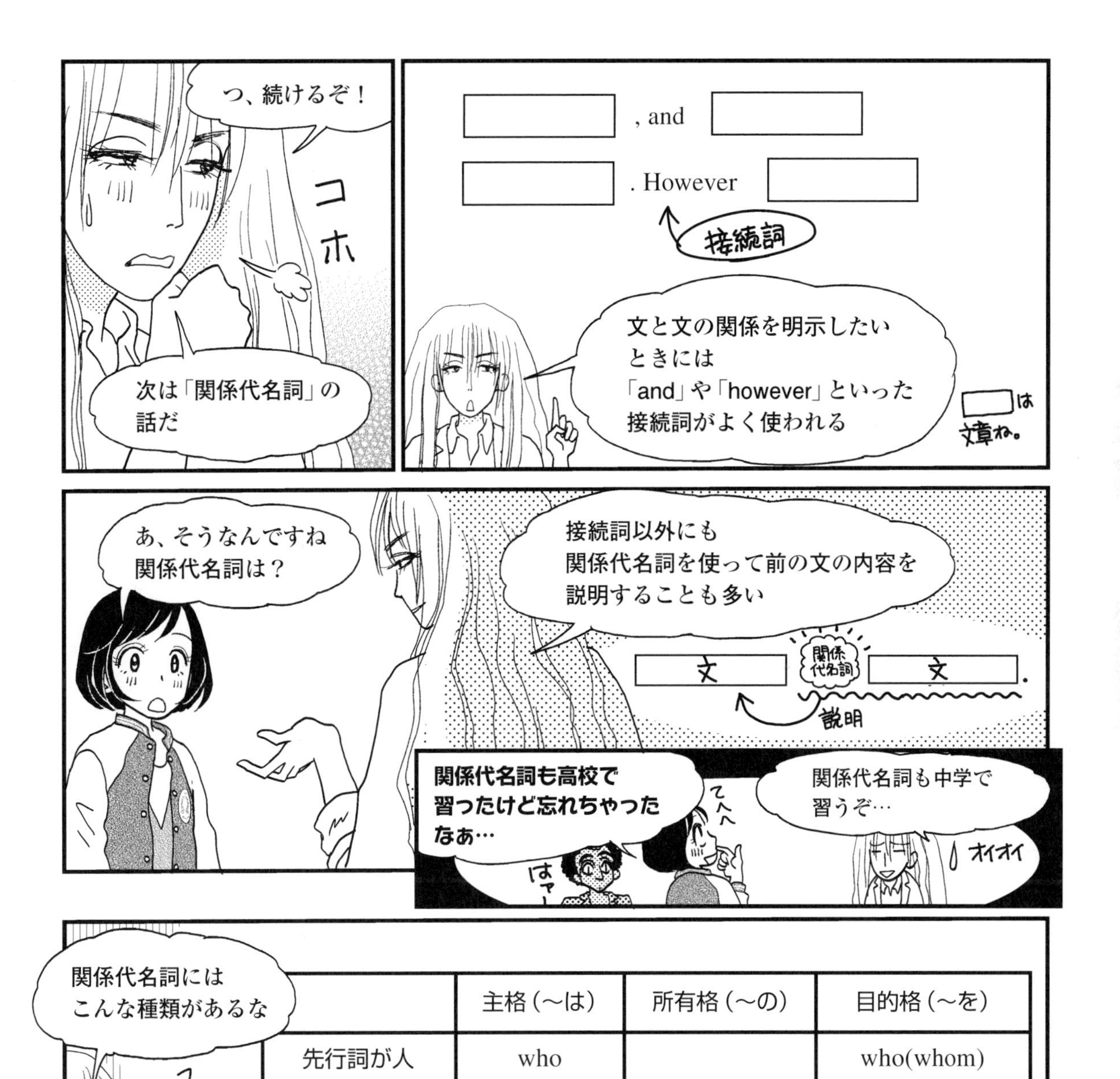

	主格（〜は）	所有格（〜の）	目的格（〜を）
先行詞が人	who	(whose)	who(whom)
先行詞が物	which		which
先行詞が人・物	that		that

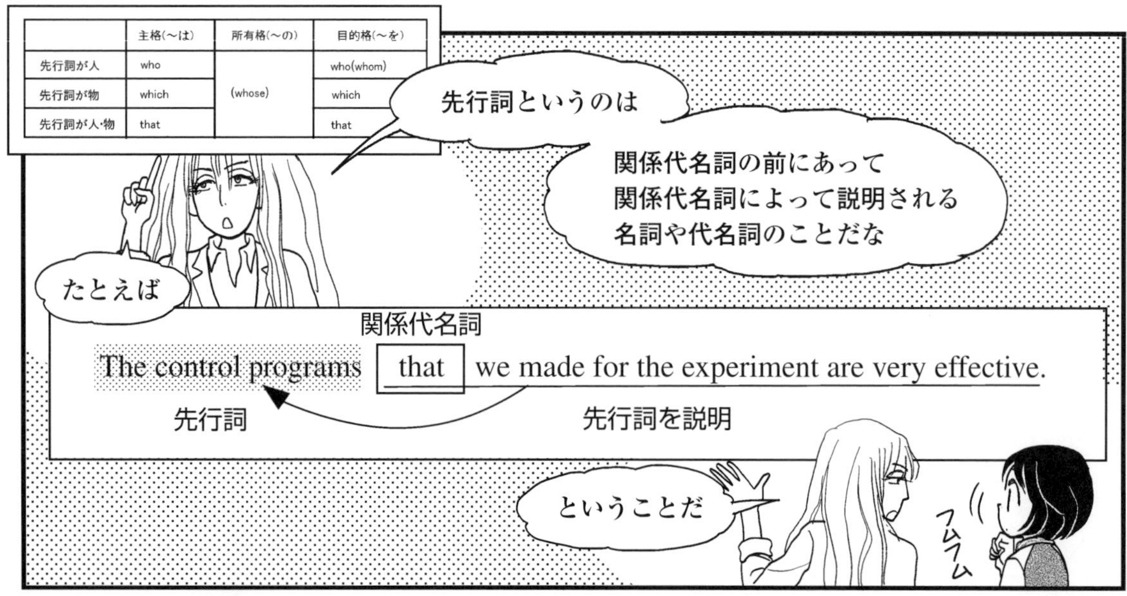

	主格(〜は)	所有格(〜の)	目的格(〜を)
先行詞が人	who	(whose)	who(whom)
先行詞が物	which		which
先行詞が人・物	that		that

まず、多くの場合thatでいいし、thatを
省略してしまうこともよくある

例) The control programs (that) we made for the experiment are very effective.

「その実験のために我々が作った制御プログラムは非常に効果的だ.」

それに、先行詞に最上級や序数、
the first, the very, the same, the only, all, every, no, any
などがついて「強く限定」されたり
先行詞が「強調」されたときは、whichではだめで、
thatが使われるんだ

例) This is the only method that makes it possible.

「これは，それを可能にする唯一の方法だ.」

だったら、いつもwhichではなくthatを使えば
いいんじゃないですか？

そうとも言えないんだ。thatではなくwhichが使われる
ときもあるんだ、基本的に次の二つの場合だけだが
技術英語ではよく使われるから頭に入れておいて欲しい

関係代名詞
whichを使う場合

1　前の文章に何か説明を付け足す場合．いわゆる関係代名詞の非制限用法．

例）The previous research says that the material contains oxidized iron, which is not the case.

「先行研究ではその素材は酸化した鉄を含んでいるとしているが，それは真実ではない．」

例）The computer, which was installed in 2000, does not work anymore.

「そのコンピュータは，2000年に導入されたものなのだが，もう動かない．」

2　in which, for which, at whichなど関係代名詞の前に前置詞が必要な場合．

例）There are cases in which this rule does not apply.

「この規則が当てはまらない事例がある．」

whichを使うのは、「前の文章に何か説明を付け足す場合」と「関係代名詞の前に前置詞が必要な場合」ですね！
わかりました！

本製品は入力が簡単なエディタを内蔵したラップトップコンピュータであり，キーボードに慣れていない方でも簡単にコマンドを入力できます．

※佐藤洋一，「技術英文の正しい書き方」，オーム社，2003年　から引用

本製品は入力が簡単なエディタを内蔵したラップトップコンピュータであり，キーボードに慣れていない方でも簡単にコマンドを入力できます．
これボクにやらせて！
別にいいけど…
えっと…
1「本製品はラップトップコンピュータです．」
2「本製品はエディタを内蔵しています．」
3「このエディタを使用すれば，キーボードに慣れていない方でも簡単にコマンドを入力できます．」
…でいいカナ!?
1文に1情報
英訳しやすい
エクセレント！
江本さんより日本語できるんじゃないの!?
Yeah!
うぐ…
なぜ博井先輩が自慢気なんですか…！
じとーーー
はっ
ゴホン！
つ、続けるぞ！
リナちゃんもできるヨできるヨー！
チャダくん優秀～～～！

では、短い文に分けた日本語文をそれぞれ英訳してみるんだ。
③の文については無生物主語を使ってみよう

1 This product is a laptop computer.
2 This product has a built-in text editor.
3 The editor allows an inexperienced typist to enter a command easily.

これでいいですか？

そうだな。ただこのまま並べただけでは英文として
あまりに稚拙だ。なので、英文としてまとめ直す必要がある。
まず、①と②をつなげよう。ここは前置詞の「with」を使うだけで
つなげられる。前置詞については後で説明するぞ

1 This product is a laptop computer.
2 This product has a built-in text editor.
+
with

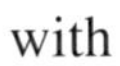

This product is a laptop computer (①) **with** (つなげる前置詞) a built-in text editor. (②)

次は③をどうつなぐかだ。「このエディタを使用すれば」ということで文の本体部分とつなぐことができる。
文をつないで前の文章に何か説明を付け足す形になるわけだから関係代名詞を使おう。使うのはwhichだな

①+②　This product is a laptop computer with a built-in text editor.

③ The editor allows an inexperienced typist to enter a command easily.

This product is a laptop computer with	a built-in text editor	which ～
	先行詞	関係代名詞

最後に「エディタ」を主語にした無生物主語の文をつなぐ。
つまり、The editor allows an inexperienced typist to enter a command easily. という無生物主語の文を関係代名詞でつなぐというわけだ

This product is a laptop computer with a built-in text editor（先行詞） which（関係代名詞）

allows an inexperienced typist to enter a command easily.（先行詞を説明）

3. 定冠詞と不定冠詞／前置詞

さ、さすが
チャダ君!
いい指摘だ
コソ……
本人に言えば
いいのに…

冠詞や前置詞は機能語の
代表で
名詞が登場すると
必ずといっていいほど
必要になるものだ
前置詞の前に
説明しておこう
はーい!
まず、定冠詞と不定冠詞の
区別について。
the と a,an の使い分けだな
a.an
the
それっていつも
迷っちゃうんですよね～…

一般的な知識や話の流れから
そのものが一つしか
ないものには
the をつけ
いくつかある物の
中からある一つの物を
示す場合は a, an をつける
the
a.an
というのが基本ルールだ

しかしどちらを使っても
文法的には間違いではない
ことが多いのが難しいところだ
a、an
the
へえぇ
でも
きちんと使い分ける必要が
あるんですね？
a、an
the
ああ。場合によっては
文全体の意味が変わってしまう
からな
特定の○○○○
the ○○○○
a ○○○○
一般的な
○○○○
theで特定するべき
「特定のもの」を指しているのか
aで表す「一般的な何か」を指している
のか
によって筆者が伝えたい情報が
誤って伝わってしまうことがある
それに
同じものを指していても冠詞が
変わることもあるよね？
最初の言及
a △△△△
the △△△△
同じ△△△△だが
2度目以降に言及
初めて言及するときはaで
それ以降に同じものを指す
ときはtheになるし

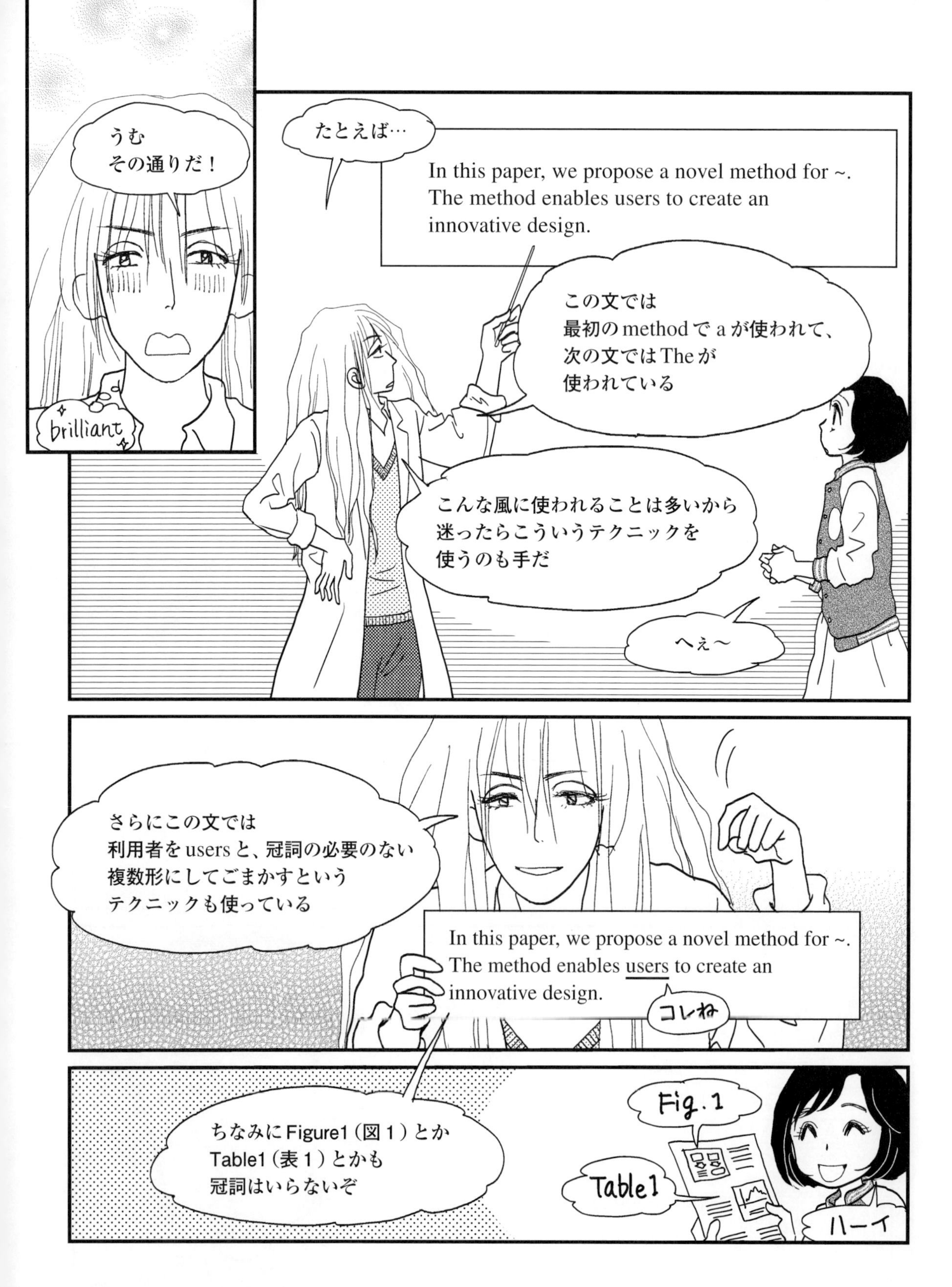
うむ
その通りだ！
brilliant
たとえば…
In this paper, we propose a novel method for ~.
The method enables users to create an
innovative design.
この文では
最初のmethodでaが使われて、
次の文ではTheが
使われている
こんな風に使われることは多いから
迷ったらこういうテクニックを
使うのも手だ
へぇ～
さらにこの文では
利用者をusersと、冠詞の必要のない
複数形にしてごまかすという
テクニックも使っている
In this paper, we propose a novel method for ~.
The method enables users to create an
innovative design.
コレね
ちなみにFigure1（図１）とか
Table1（表１）とかも
冠詞はいらないぞ
Fig. 1
Table1
ハーイ

まとめると…
・基本は「特定のものにはthe」，
「複数のものから一つを指す場合はa, an」．
・同じ単語が何回か出てくる場合，最初は「a」，
次からは「the」でごまかせる．
・複数形にして問題ない単語は最初から冠詞のいらない
複数形にしてしまう．
・Figure1（図１）とかTable 1（表１）に冠詞はいらない．
了解!!
冠詞に関してはこんな
感じで大丈夫だろう
ということだ

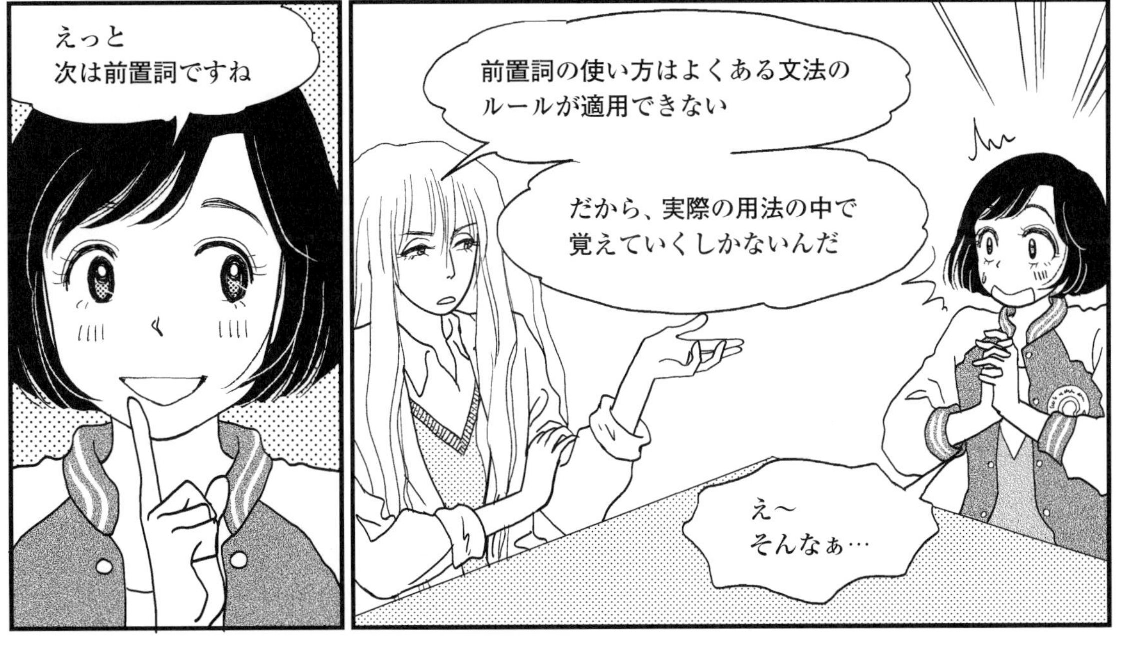
前置詞の使い方はよくある文法の
ルールが適用できない
だから、実際の用法の中で
覚えていくしかないんだ
え～
そんなぁ…
えっと
次は前置詞ですね

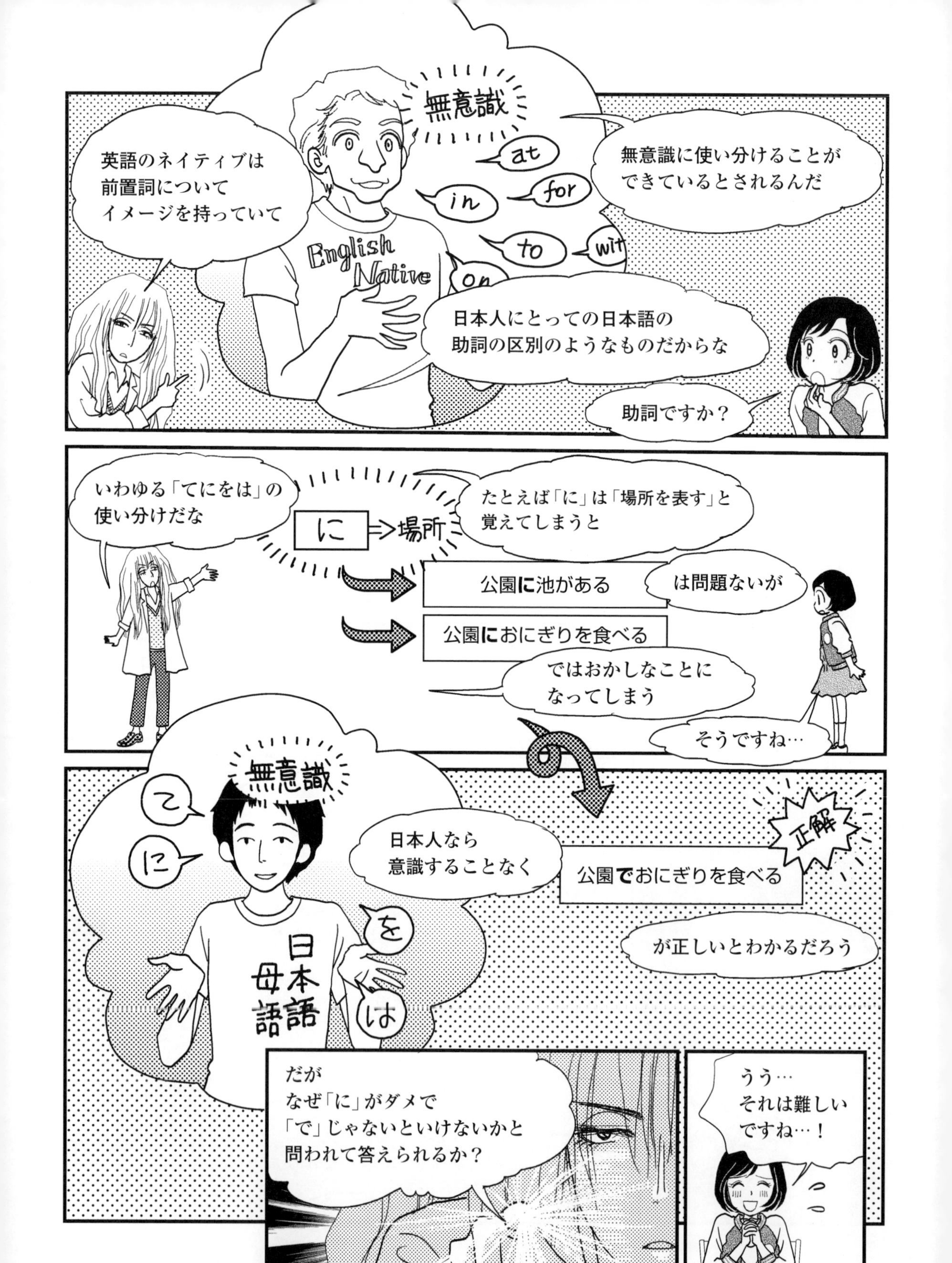
英語のネイティブは
前置詞について
イメージを持っていて
無意識
at
in
for
to
on
無意識に使い分けることが
できているとされるんだ
English Native
日本人にとっての日本語の
助詞の区別のようなものだからな
助詞ですか？
いわゆる「てにをは」の
使い分けだな
に⇒場所
たとえば「に」は「場所を表す」と
覚えてしまうと
公園に池がある
は問題ないが
公園におにぎりを食べる
ではおかしなことに
なってしまう
そうですね…
無意識
て
に
を
は
日本母語
日本人なら
意識することなく
正解
公園でおにぎりを食べる
が正しいとわかるだろう
だが
なぜ「に」がダメで
「で」じゃないといけないかと
問われて答えられるか？
うう…
それは難しい
ですね…！

前置詞	イメージ	基本的用例	技術英語論文での用例
in	何かの中にある	in the corner 角を空間として捉えてその中にあるイメージ	In this paper, we propose ～ 「この論文の中では，」 In conclusion, In summary, ～ 「結論の中では，」「要約の中では，」
at	狭い点 ×	at the corner 角を点として捉えている	This study aims at exploring ～ 「この研究は～を探ることを目標としている．」 点としての目標などの用法がある
on	表面接触 上に乗っている	walk on tiptoe つま先立ちで歩く	On the assumption that ～ , 「～という想定で」 based on ～　など 「～に基づいて」 面の上に乗っかるような依存の意味で使われている
by	近接 距離が近い	live by the river 川のすぐそばに住んでいる	We explore ～ by the experiment　など 「実験によって探る」媒介， 手段の意味で使われている
with	一緒にある つながり	go to school with a friend 友人と一緒に	with a few exceptions　など 「少数の例外を除いて」と訳すか，少数例外がある，という意味
for	目標に向かう	leave for Japan 日本に向かって出発する	We provide a clue for understanding ～ 「理解するという目的のための手がかりを与える」という意味

前置詞	イメージ	基本的用例	技術英語論文での用例
to	到達点に向かう 到達点を示す	go to school 学校に行く	To verify the results, ～ 「結果を検証するために」 など目的の意味で使われたりする
of	全体からの分離 全体の一部	a tail of a dog 犬の一部としてのしっぽ	5% of 100 materials, average of ratings 「100素材のうちの５パーセント」 「評価値の平均」 あるものの部分など様々な使われ方
from	起点・出発点 （起点から離れる）	come from Japan 日本出身	from the results 「結果から」
under	下にある	under the table テーブルの下にある	under assumption of ～ 「～という想定のもと」
over	上を越える	jump over the river 川の上を越える	over the decades 「数十年にわたって」
about	周辺にある　まわり	about the lake 湖の周辺	think about ～ 「～について考える」

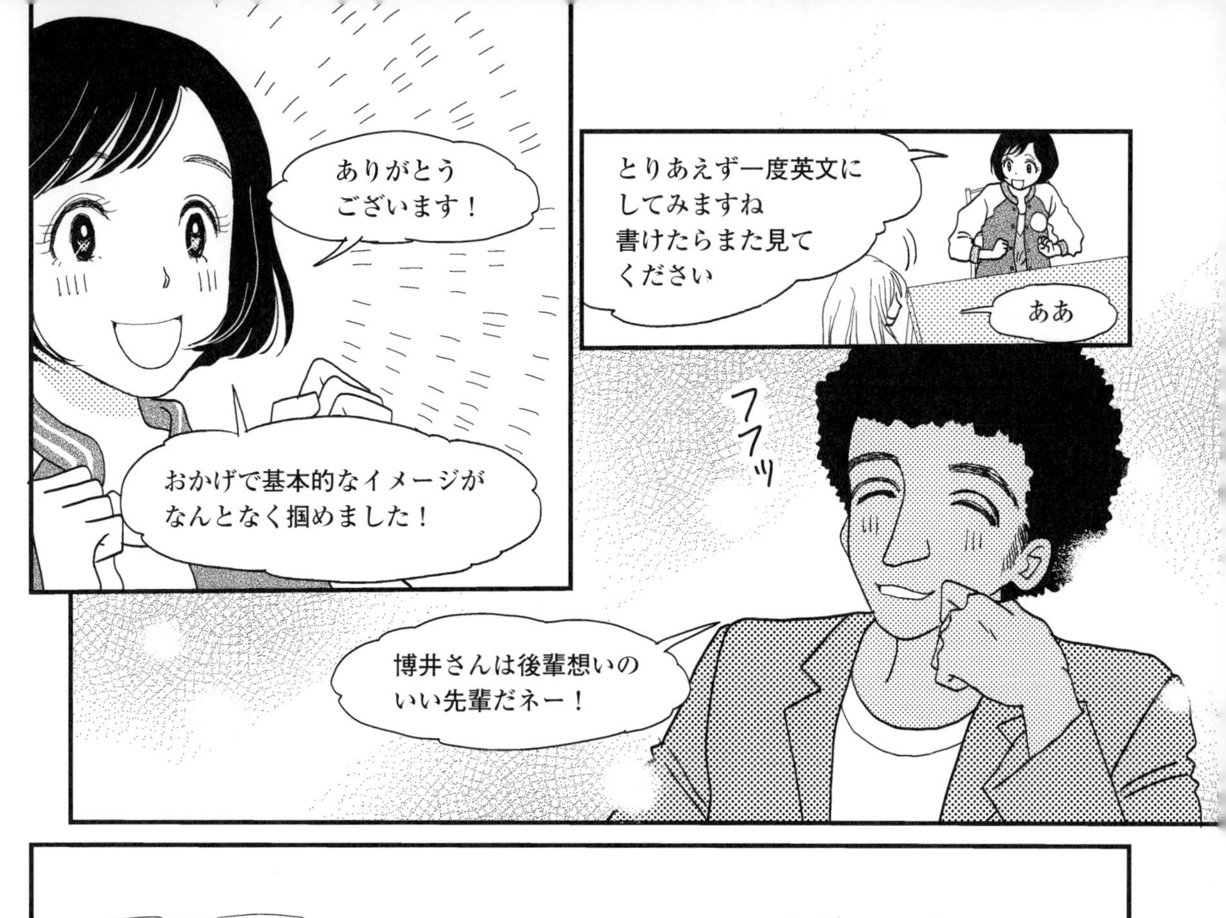
ありがとう
ございます！
おかげで基本的なイメージが
なんとなく掴めました！
とりあえず一度英文に
してみますね
書けたらまた見て
ください
ああ
フフッ
博井さんは後輩想いの
いい先輩だネー！

そ、そんな…
ポッ
今日は美味しいカレーも
いっぱい食べられたし
英語の勉強もできたし
素晴らしい日になったネ
リナちゃん！

うん！
そうだ！
記念に三人でプリクラ
撮っていきましょうよ！
MAHARAJA
え!?
プリ…
わ、私はいいから
二人で行って…
何言ってんですか！
さ、行きますよ！
ひゃ〜っ
ずんずん

ガタン
ガタン
ゴトン
LOVE
CURRY
MAHARAJA
江本さんのところ
切っちゃおうかな…
じー…。

技術英語論文でよく使われる無生物主語

マンガの中で，博井がリナに，日本語では普通主語にならないような無生物が，英語では主語になる場合が多い，と言っていましたね．日本語では「5分の徒歩があなたを公園に連れて行きます」という預言者のような不思議な文になりますが，英語では Five minutes' walk will bring you to the park. と普通に言うわけです．

ここでは，このような英語と日本語の違いが，英語の話し手と日本語の話し手の物事の捉え方の違いから生まれてくる，ということについて少しお話ししておきましょう．

池上嘉彦先生の著書『「する」と「なる」の言語学』の中で，英語は「する」的な言語であるのに対し，日本語は「なる」的な言語である，と紹介されています．たとえば，英語では，

　We are going to get married in June.　私たちは6月に結婚します．

と表現するのが自然ですが，日本語では

　私たち，6月に結婚することになりました．

と表現することがよくあります．

　また，英語では，

　Spring comes. 春が来る．

と表現しますが，日本語では

　春になる．

と表現したりします．

つまり，英語は，動作の主体的なものを中心にした物事の捉え方が普通なのに対し，日本語では，誰かの意図的な働きという意味合いを排除して，結婚するという出来事が当事者の意図を超えたレベルでおのずからなったような表現が好まれるのです．英語では動詞で表される動作などの主体を表す主語が原則的に必要なのに対し，日本語では「春になる」と同様，「何が」の部分を表さず，主語が省略される場合が非常に多いという違いも，このような英語の話し手と日本語の話し手の物事の捉え方の違いから生まれています．

英語の話し手は「個体に注目」するのに対し，日本語の話し手は「全体的状況に注目」するという違いは，英語の話し手が「もの」として捉える対象を，日本語の話し手は「こと」として捉えるという違いに通じます．たとえば，Do you love me? を直訳して，「あなたは私を好き？」と言うとストレート過ぎですが，「私のこと好き？」という対象をぼかした言い方の方が好まれます．

また，マンガの中の「1. 能動文と受動文」のところで，「私は興味があります」と言いたいときに，I am interesting（私は面白い人だ）と言ってしまったというリナの失敗談が出てきましたが，このような表現が日本人にとって難しいのも，英語と日本語には「する」対「なる」という考え方の違いがあるので，当然なのです．英語では，何らかの出来事が生じたとき，原因となったも

のを中心に捉えようとします．たとえば，日本語では，「興味がわく」「興奮する」「驚く」というように感情が自然に生じたように表現するのですが，英語では，そのような感情を生じさせた「原因」→「興味をわかせる」→「人が興味を持つ」という捉え方をします．「人」が驚く場合でも，必ず「驚く原因」があって，それが「人」を驚かせているという考え方をします．だから，英語では，原因 surprise 人 が基本で，人を主語にするときは，surprise の目的語が主語になるので，受動文となり　人 is surprised by 原因という形になるのです．

英語では因果関係の原因を中心に捉えて，その原因が主語になる傾向があります．幼児は，お茶碗を投げて壊したり，わざとスプーンを落としたり，積み木を崩したり，おもちゃを押して動かしたりするなどを通して,因果関係を習得していくとされます．自分で直接対象に働きかけて（原因）対象に変化を生じさせる（結果）という場合が典型的な場合で，英語では，その変化を生じさせるという目標を達成する人間が主語の典型であるとされます．Rina broke the mug という文がマンガの中で出てきましたが，リナに意図があったかどうかはともかく，リナがマグカップが壊れるという結果を生じさせた原因であるということは確かです．このように人が主語に立つのは典型的な場合ですので，日本語を含む多くの言語で，人は動作の主体として主語に立つことができます．英語では無生物でもあたかも人であるかのように「擬人化」して捉える場合が多く，因果関係の原因となるものが日本語よりも自由に主語になるのです．

マンガの中で，日本語では主語にならない無生物が主語になる例として原因を挙げましたが，無生物主語の文で使われやすい動詞は，いわゆる使役動詞が多いのです．自然な日本語訳は副詞的に訳せばよいことはマンガの中で説明している通りです．

● **make A do（使役）**

This medicine will make you feel better.

「この薬はあなたを気分良くさせるでしょう．」

⇒「この薬を飲めば，あなたは気分が良くなるでしょう．」

● **force A to do / compel A to do（強制）**

The heavy rain forced us to stay home.

「激しい雨は私たちに家にとどまることを強いた．」

⇒「激しい雨のせいで，私たちは家にとどまらざるを得なかった．」

● **allow A to do（許可）**

The computer allows us to store a lot of information.

「コンピュータは私たちがたくさんの情報を保存することを許す．」

⇒「コンピュータのおかげで，私たちはたくさんの情報を保存することができる．」

● **cause A to do（原因）**

Her overwork caused her to get ill.

「働きすぎが彼女を病気にさせた.」

⇒「働きすぎのせいで，彼女は病気になった.」

● **enable A to do（可能にする）**

The new method enables us to process data more easily.

「その新しい手法は，われわれがデータをより容易に処理することを可能にする.」

⇒「その新しい手法により，我々はデータをより容易に処理することができる.」

その他，一般的な英語における無生物主語構文でよく用いられる動詞としては，

● **prevent A from doing / keep A from doing / stop A from doing**

「～するのを妨げる」→「～できない，しない」

● **remind A of B（A に B を思い出させる）**

「AにBを思い出させる」→「Aが思い出す」

● **take A to B / bring A to B / lead A to B**

「AをBに連れて行く」→「AがBに行ける」

● **A tells B / A shows B**

「AがB伝える，示す」→「AによってBがわかる」

以下では，技術英語論文で用いられる無生物主語構文の特徴に絞って，例を挙げて説明します．ぜひ真似して使ってみてください！

①Introduction（序論）とConclusion（結論）でよく使われる表現

This study や This paper や This research や This article は，Introduction で，「本研究は～する」という意味で，無生物主語構文で使われます．We を主語にして書くようなところは，ほとんどすべてと言っていいほど「本研究」を主語にできますので積極的に使ってみましょう．「本研究」を主語にすることによって，結果を生み出す原因として「本研究」を位置づけ，「本研究が何を可能にするのか」という論文の意義を示す効果があります．結論では，以下に挙げる表現を過去形にして「本研究が何を可能にしたのか」という意味になるように書く場合もあります．

● **This study proposes a new method to achieve the goal of ～.**

「本研究は～という目標を達成するための新しい手法を提案する」

● **This paper analyzes the characteristics of ～.**

「本論文は～の特徴を分析する」

● **This article presents an overview of the theory.**

「本稿は理論の概観を示す.」

● This study provides the following information.
「本研究は次のような情報を提供する」

● This study attempts to discover ～.
「本研究は～を発見しようとするものである」

● This paper investigates the factors that explain ～.
「本論文は～を説明する要因を調査するものである」＊ the factors も explain の無生物主語

● This article shows that S＋V
「本稿は～ということを示すものである」

● This research examines the effects of ～.
「本研究は～の効果を調べるものである」

● This paper demonstrates that S＋V
「本論文は～ということを示すものである」

● This paper argues / discusses that S＋V
「本論文は～ということについて議論する」

● This study develops a system of ～.
「本研究は～のシステムを構築する」

②先行研究を概観する際によく使われる表現

基本的に①で挙げた動詞の主語（This study, This paper, This research, This article）をprevious study（先行研究）に変えて，現在完了形にすれば，「先行研究は～してきた」という無生物主語の文になり，先行研究で何がわかっていて，何がわかっていないのかなどの特徴を示すことができます．また，具体的な先行研究名を主語にして書くこともできます．その際は，「著者名(論文が発表された年)」，たとえば（Sakamoto (2013)），のように書いたりしますが，書き方はジャーナルごとに決まりがあります．

● The previous study proposed that S＋V
「先行研究は～を提案した」

● Previous studies have demonstrated / shown / presented that S＋V
「先行研究は～を示してきた」

● Previous studies have focused on ～.
「先行研究は～に焦点を当ててきた」

● Previous studies have paid little attention to ～.
「先行研究は～にほとんど注意を払ってこなかった」

● Previous studies have virtually ignored ～.
「先行研究は～を実質的に無視してきた」

- Other studies have concluded that S+V
  「他の研究では～と結論付けていた」
- This drives us to the question how S+V
  「このことはいかにして～という問題に我々を連れて行く」（=「このことからいかにして～という問題に取り組むに至った」）

③ Method（方法）や仮説を提示する際に用いられる表現

- This study employs the following approach.
  「本研究は次のようなアプローチを採用する」
- This study allows participants to submit ～.
  「本研究は被験者に～を提出することを許す」（=「本研究では被験者は～を提出することができる」）
- The hypothesis rests on / upon the idea that S+V
  「本仮説は～という考えに立脚している」

④ Results（結果）を提示する際に用いられる表現

- The results shows that S+V
  「結果は～ということを示している」
- The result means that S+V
  「その結果は～ということを意味している」
- Table 1 shows that S+V
  「表１は～ということを示している」
- Figure 1 illustrates / demonstrates that S+V
  「図１は～ということを示している」
- A glance at Figure 2 will reveal that S+V
  「図２の一瞥は～ということを明らかにする」（=「図２を見るとすぐに～ということがわかる」）
- These results lead us to conclude that S+V
  「これらの結果が～ということを我々が結論する方向に導く」（=「これらの結果から，我々は～と結論付けるに至る」
- These results lead to the conclusion that S+V
  「これらの結果が～という結論に導く」
- The result suggests / indicates that S+V
  「その結果は～ということを示唆している」

● These results make it clear that S＋V
「これらの結果は～ということを明らかにしている」

⑤ Discussion（考察）や Conclusion（結論）で用いられる表現

● This study sheds new light on ～.
「本研究は～に新しい光明を投じる」

● This study will contribute to ～.
「本研究は～に貢献するだろう」

このような無生物主語構文を使いこなして，ぜひこなれた技術英語論文にしてみてくださいね．

5章

テンプレートを使って論文を書いてみよう

じゃ
じゃあ
ふん～っっ
チャダ君には今、付き合っている人はいないんだな!?
そうだって言ってるじゃないですか～…
本人だけじゃなくて友人にも聞いてきたんだから間違いありません！
す…すまんな…そんなことまで聞かせてしまって…
これくらいいいですよ♪
むしろ嬉しいです
え…
憧れの博井先輩と
こんなプライベートな付き合いができているんですから
それに私には二つの夢ができたんです
二つの夢？

1. 技術英語論文の要約のパターン

PATTERN
技術英語論文のパターンはだいたい決まっている
そのパターンに当てはめていけば問題ない

たしかに
何本か技術英語論文を読みましたがどれも構成は同じ感じでした！

そうなんですね…
そういうものなんだ
技術英語論文は構成のパターンが決まっているから書きやすいともいえる

論文本体の内容をはじめる前に
「Title（タイトル）」と「Authors（著者名）」と「Affiliation（所属）」、「Abstract（要約）」、そして「Key Words（キーワード）」をまとめて記す
ボードに書いていってみるぞ

今日はその構成とパターンの解説をしよう

はい！

論文本体が始まる前に
要約としてつけるもの

- Title（タイトル）
- Authors（著者名）
- Affiliation（所属）
- Abstract（要約）
- KeyWords（キーワード）

論文本体の章立て

1. Introduction（序章）
2. Materials and Methods（素材と方法）

※2. Methods（方法）という章の下位セクションとして
以下のものが続くこともある

2.1 Design (of Experiment)（実験のデザイン）
2.2 Materials（素材）
2.3 Procedure（手続き）

3. Results（結果）
4. Discussion（考察）
5. Conclusion（結論）

Acknowledgement（謝辞）
References（参考文献）

※最後に Appendix（付録）がつくこともある。

このように論文本体の
章立てが続いていくんだ

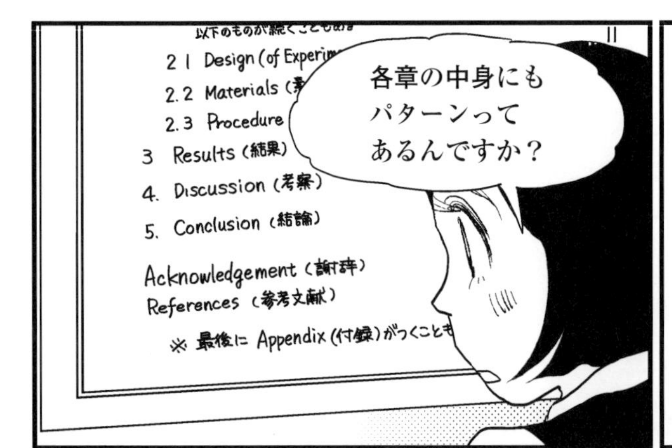

要約
- Title (タイトル)
- Authors (著者名)
- Affiliation (所属)
- Abstract (要約)
- KeyWords (キーワード)

そうでない場合のタイトルの
つけ方にはこのようなルールがあるぞ

フンフン

タイトルのつけ方ルール

1 タイトルの先頭文字，名詞，動詞，形容詞，副詞といったいわゆる内容語は大文字

2 先頭文字以外の冠詞，前置詞，接続詞，代名詞，to不定詞のtoなどのいわゆる機能語は小文字

3 先頭の定冠詞は省力可能

4 名詞の単数と複数はちゃんと区別する

「かっこいい」論文タイトルにするためのコツ

1　論文のキーワードをできるだけたくさん含める.

だから「タイトルは最後につけた方がいいよ」ってさっき言ったんだ。
インターネットなどでキーワードで論文が検索されるわけだからキーワードに自分の論文の売りや、他の論文とは違う特徴を表す言葉を入れるといいよ。お店選びのときの看板みたいなものだから、いくら中身が良くてもタイトルが良くないと目にもかけてもらえないよ

2　タイトルの長さは 10 words 前後がよい.

いくら論文のキーワードをたくさん含めるといっても 15 words を超えてしまったりすると、長すぎてよくわからなくなるし、国際会議では論文の short title もつけておかなければいけないこともあるから、あまり長いと短くしようがなくなってしまう。逆に短すぎると情報が不足してインパクトが薄くなるから、適度な長さのタイトルをつけるようにするといいよ

3　どの論文にも共通する，自明な単語は省略する.

キーワードをできるだけ含み、かつ適度な長さのタイトルをつけるためには、Study（研究），Analysis（分析），Investigation（調査）などの情報量の薄い単語は使わない方がいいよ。A Study of ～（～の研究）や Study on ～（～に関する研究）などは、卒業論文や修士論文などのタイトルではよく使われるけど、一般的な国際発表論文では使わない方がかっこいい

4　関係代名詞などの複雑な構文は使わず，名詞の並列，前置詞，ハイフン (-) を上手に使って簡潔に書く.

タイトルの下には
著者名がくることが多い。
だが、様式などは投稿規定にも
よるから、その通りにしよう
【一例】
Title(タイトル)
Authors(著者名)
Affiliation
(所属)
著者名の下には所属先を書くが、
これも投稿規定通りだな
投稿規定に従おう!
投稿規定って
読むの面倒なんですけど
やっぱりちゃんと守らないと
なんですね…
そりゃ
そうだ
Abstract(要約)
次に最も大切な
「Abstract(要約)」について
MOST IMPORTANT
そこが最も大切
なんですか?
ああ
最重要
MOST IMPORTANT

数多く発表される論文の中で
それが読むに値するものかどうか
多くの研究者は最初にAbstractだけを
読んで判断する
ナシ
おっ
なるほどー…

では、基本的なルールを
説明しよう

Abstract（要約）の基本ルール

1　分量は特に規定がない場合，100 ～ 200 words 前後にする．

最大単語数は、論文の投稿先によって規定で決まっていることが多いけど、何も規定がないときは、100 ～ 200words 前後を目安にするといい

2　論文の章ごとの重要ポイントを１文ずつにまとめていく感じで書く．

つまり…

研究背景（先行研究と課題など
Introduction の内容）⇒ 1 sentence
研究目的⇒ 1 sentence
仮説⇒ 1 sentence
研究方法⇒ 1 sentence
実験の内容⇒ 1 sentence
結果，結論⇒ 1 sentence

…くらいのバランスでまとめる。

これらの情報を 1 sentence あたり 20～25 words で書いていくと…

5 sentences × 20 ～ 25words ＝ 100～125 words

…となる。

これを基本にしながら、投稿規定に合わせて調整すればいい。

KeyWords
(キーワード)
次は
「Key Words (キーワード)」
だ
これも論文を検索するときに
使われるものだから
自分の研究をアピールする
重要語を網羅することが大切だ
keywords
検索
click!
適当に選べばいい
ってものでも
ないんですね…

数も投稿規定にあるから
注意するんだぞ
ポイントはこんなところだ
Key Words (キーワード) の基本ルール
1　一般的な用語は選ばない.
2　タイトルに登場していない重要語を優先的に採用する.
3　タイトルに登場している重要語を選んでももちろんOK.
4　名詞を選ぶ. ただし, 新奇性のある語や造語は選ばない方がいい.

論文本体
そして
いよいよ
論文本体についてだ

2. 技術英語論文の本体のパターン

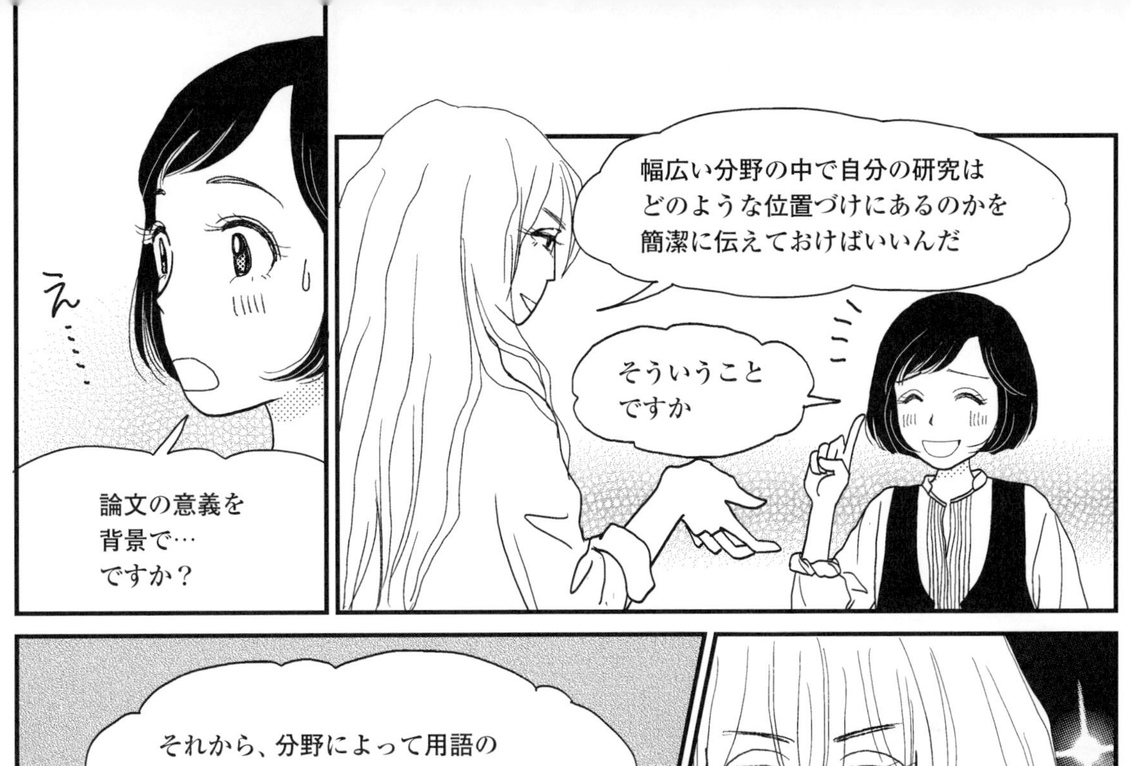
幅広い分野の中で自分の研究は
どのような位置づけにあるのかを
簡潔に伝えておけばいいんだ
そういうこと
ですか
え……
論文の意義を
背景で…
ですか？

さらに
それから、分野によって用語の
使われ方や意味が違ったりするから
誤解されることのないように
各用語をどのような意味で使うのかを
きちんと定義しておくんだ
用語 △△△
XXXXの意味で
使用
定義する。
自分の論文では何を扱って
何を扱わないのか
理由とともに書いておかないと
思わぬ誤解をされてしまうぞ
丼・カレー
カレー
コロッケカレ
カツカレー
おばちゃん
カレーの辛さ 5倍で！
ここの
学食は
そういうの
ないの

けっこういろいろ
書くことありますね…
そうだな…
ありゃりゃ
むむっ
まとめると
まず
「論文の背景」を書く
ところから始まって
その
背景の中に自分の研究の
目的を位置づけていく
「なぜ この研究は必要なのか」
形で書き進め、
その後に
「論文の目的」を
はっきりさせる
という書き方が
書きやすいだろう
関連分野の代表的な論文くらいは
挙げられるようにしておくと
いいだろう
それらを「背景」で列挙するんだ
なんだか
幅広い分野のことを
勉強してないとダメっぽい
ですね…
論文の最後につける
「references（参考文献）」のリストに
挙げる論文の数も、ここでたくさん
言及しておけば増えるからな
ま、関連する論文は
どうせ調べなくちゃ
いけませんしね…
うん
うん

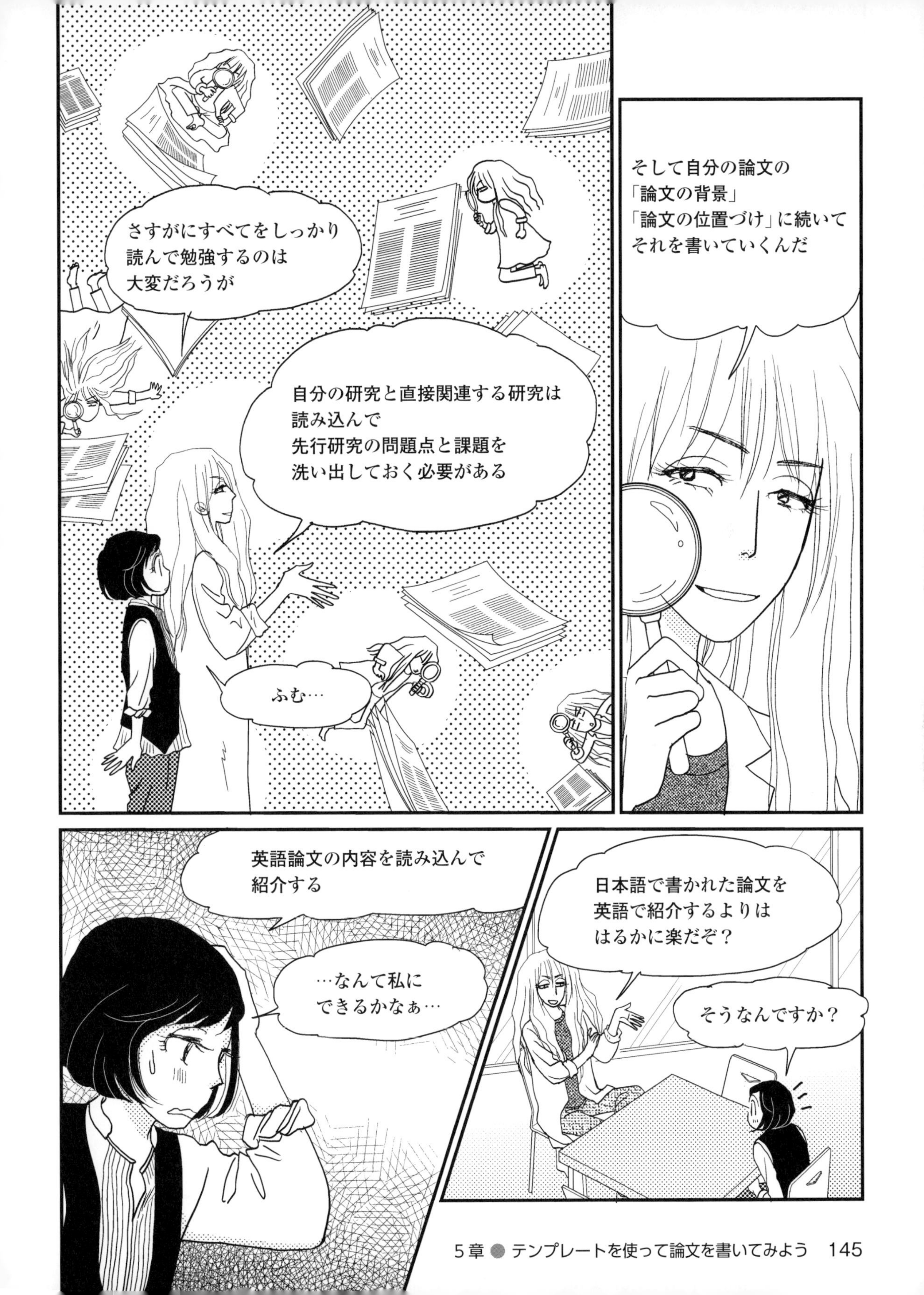
そして自分の論文の
「論文の背景」
「論文の位置づけ」に続いて
それを書いていくんだ
さすがにすべてをしっかり
読んで勉強するのは
大変だろうが
自分の研究と直接関連する研究は
読み込んで
先行研究の問題点と課題を
洗い出しておく必要がある
ふむ…
日本語で書かれた論文を
英語で紹介するよりは
はるかに楽だぞ？
そうなんですか？
英語論文の内容を読み込んで
紹介する
…なんて私に
できるかなぁ…

日本語で書かれた論文を
紹介するためには
英訳しないといけないけど
最初から英文なら
そのまま利用して書けるからな
あー
そうですね
ただし、先行研究をただ
紹介するだけではなくて
PICK UP
先行研究
問題点や
自分の論文で扱う課題
を
仮説を挙げて
それを検証する
ことを目的とする
といった形で書けるといい
最後から２番目の段落などで
そのために自分の論文では
どのような方法をとるかも
簡単に説明していくような感じかな
英訳する前の日本語の段階で
しっかり文章を考えておいた
ほうがいいですね

そして、最後の段落では
論文全体の構成を書いたりするんだ
ただ、ここは短い論文のときは
省略してしまうことも多い

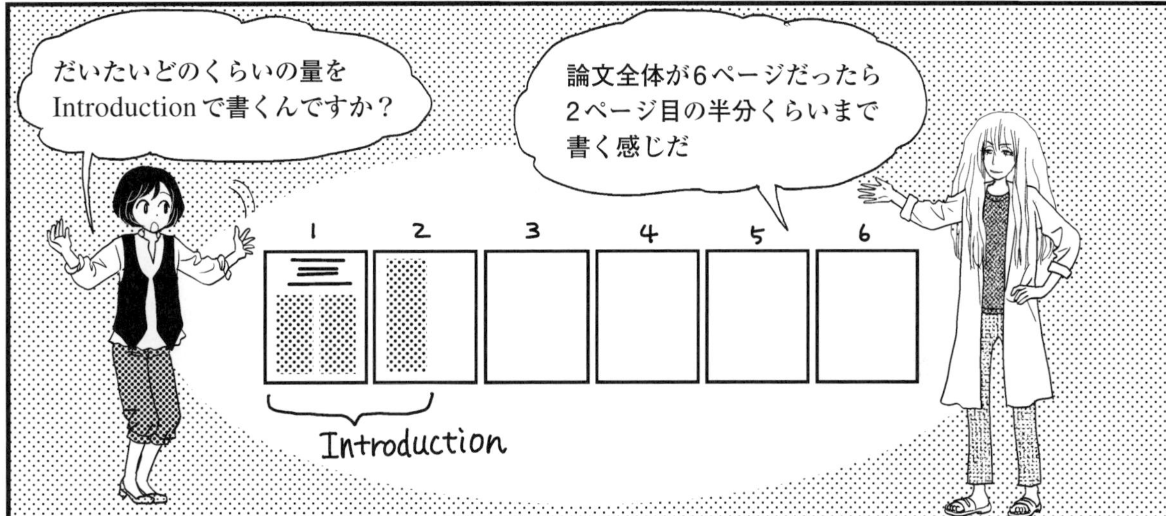

だいたいどのくらいの量を
Introductionで書くんですか？
論文全体が6ページだったら
2ページ目の半分くらいまで
書く感じだ
1
2
3
4
5
6
Introduction

Introductionは先行研究の論文の
英語を参考にしながら書けるから
意外と書きやすいもんだ
ただし、コピペはだめだぞ
わかりましたー

次は「Materials and Methods
(素材と方法)」だな
2. Materials
and Methods
(素材と方法)
まあ、ここは今まで読んできた
自分の専門と関係が深い論文を
参考に書けばいい

真似しちゃえば
いいんですね！
平たく言えば
そうだな…

3. Results
(結果)
次は…「Results（結果）」
ですね？
技術英語では図表や
画像・数値データで示すことが
多いから、実は長々と
英語で説明しなくてもいい

文章の言い回しよりも
結果を正確に・客観的に
示すことが大切だからな
ばーん
おお
図

でも、やっぱり図表や
画像・数値データだけを
並べてもだめですよね…？
なんだ？
何のネコ写真？

学内の
猫の写真
撮り集めて
るんです〜
ナルホド……
もちろん
図表などに何が
示されているのか
わかりやすく
説明することは重要だ
「学校猫コレクション」
だね
図表の説明でよく使われる表現も
ある程度決まったものがあるから
後でまとめたものを渡そう
ありがとうございます〜！

さて、いよいよ
「Discussion（考察）」だな
4. Discussion
（考察）
実はこれが一番大変なんだ
ええっ!?

Resultsで示した結果が
示唆していることを読み取り、
「説得力」のある考察を行う
というところは
職人芸のようなところが
あって
結果
よみとる
考察
説得力
……
経験の浅い学生には
大変なんだ
そ、そうなんだ…
経験の浅い
学生

表現の豊かさが必要だから
Discussionの最大の難点は
お決まりのパターンがなくて
お手本を真似する
という方法も使えない
えー！ じゃあ
私はいったいどうすれば…
八方塞え図

ここは基本に
立ち返って
「中学校レベルの英文法」でいいから
まずは自分が伝えたい内容を
できるだけ簡単な英語で
怖がらずにどんどん書いてみてほしい
「Is it a pen?」
…「No, this is
a dog.」…
な、なんだその
珍妙なやりとりは…？
いや、基本的な中学校レベルの
英文法ということで…
……
すごく幼稚な文章に
なっちゃいそうですが
いいんですか？

そこをなんとかする方法が
あるにはあるんだ！
本当ですか!?
だが、それは今度
説明するとしよう
まずは今日説明した内容で
書き進めてみてくれ

恋愛には

パターンやテンプレートはありませんから

論文の各章でよく使われる表現

マンガの中で紹介したように，技術英語論文は次のような構成になっていることが多いので，ここでは，各章でよく使われる表現をまとめておきましょう．

1. Introduction（序論）
2. Materials and Method(s)（素材と方法）

あるいは

2. Method(s)（方法）という章の下位セクションとして 以下のものが続くこともある．
   - 2.1 Design (of Experiment)（実験のデザイン）
   - 2.2 Materials（素材）
   - 2.3 Procedure（手続き）
3. Results（結果）
4. Discussion（考察）
5. Conclusion（結論）

1. Introduction（序論）でよく使われる表現

「先行研究はこれまで～してきた」→「しかし，～について未解明である」→「そこで本研究では～することを目的とする」という文章の流れで書いてみましょう．

●「先行研究がしてきたこと」に関する表現

・Over the years a number of researches have studied ~.
　ここ数年にわたり多くの研究は～を研究してきた.

・Over the past few years (decades) a considerable number of studies have been on ~.
　この 2，3 年（2，30 年）の間に～に関してかなりの研究が行われてきた.

・Numerous attempts have been made by previous researches to show (demonstrate) ~.
　～を示すために，先行研究によって数多くの試みがなされてきた.

・In recent years, a lot of effort have been put into determining whether ~.
　近年，～かどうかを決定するために多くの努力が注がれている.

・~has recently received broad attention.
　～は最近広く注目を集めている.

・The recent researches have thrown new light on ~.
　最近の研究は～に新しい光を投げかけた.

・There has been a growing interest in ~.
~に対する関心がますます高まっている.

・Considerable attention has been paid to the research of ~.
~の研究に大きな注意が払われている.

・Previous studies have focused on ~.
従来研究は~に焦点をあててきた.

・There remains an ever-increasing interest and challenges to ~.
~への関心や挑戦が増加の一途をたどっている.

・~ has been widely studied in this field.
~はこの分野で広く研究されてきている.

・Previous research has suggested / shown / proposed / demonstrated that ~.
先行研究は~であることを示唆している / 示している / 提案している / 説明している.

・According to [先行研究名], the first attempt to understand ~ was made by ….
[先行研究名] によると, ~を理解しようとする最初の試みは…によって行われた.

●未解明な点に関する表現

・No studies have ever tried to ~.
~を試みた研究はまったくなかった.

・~ has never been examined.
~はまったく研究されてこなかった.

・Little attention has been given to ~.
~にはほとんど注意が払われてこなかった.

・~ has hitherto been ignored.
~はこれまで無視されてきた.

・Although a large number of studies have been made on ~, little is known about ….
~に関しては多くの研究がなされてきたが, …についてはほとんど知られていない.

・However, previous studies have some limitations, such as ~.
しかしながら, 先行研究には~といったいくつかの制約がある.

・However, the method has three fundamental problems: 1) ~, 2) ~, and 3) ~.
しかしながら, その手法には三つの基本的な問題, つまり 1) ~, 2) ~, 3) ~ がある.

・As far as we know, there have been few reports about ~.
我々が知る限り, ~についての報告はほとんどない.

●本研究の目的に関する表現

・The purpose of this study is to ~.
本研究の目的は~することである.

・This paper deals with ~.
本研究は ~ を扱う.

・This paper presents / shows / proposes / demonstrates / argues ~.
本論文は ~ を提示する / 示す / 提案する / 説明する / 議論する.

・The purpose here is to explore ~.
ここでの目的は ~ を探求することである.

・A major goal of this research is to ~.
本研究の主な目的は ~ することである.

・In this study, ~ is investigated.
本研究では, ~ が調査される.

・In this paper, we present / show / propose / demonstrate / argue ~.
本論文では, 我々は ~ を提示する / 示す / 提案する / 説明する / 議論する.

・We hypothesize that ~.
~ と仮定する.

・On the assumption that ~,
~ と仮定して,

・Granted / Given that ~,
~ と仮定すると,

・Let us assume that ~.
~ と仮定してみよう.

2. Method(s)（方法）でよく使われる表現

●実験に関する表現

・We conducted a psychological experiment where ~.
我々は心理実験を行った. この実験では ~

・The first experiment to investigate ~ was conducted in ….
~ を調査するための最初の実験は…で行われた.

・Thirty males and females participated in the experiment.
30 人の男女が実験に参加した.

・The materials used in this study were obtained through ~.
本研究で使用した素材は ~ を通して入手された.

・The materials / Participants consist of ~.
その素材 / 被験者は ~ から構成される.

・Five scales are used to measure~.
五つの尺度が~を計測するために使われる.

●調査に関する表現

・This study conducted a survey among 300 professionals.
本研究は 300 人の専門家を対象とした調査を行った.

・The questionnaire was developed by the researcher in order to ~.
アンケートは~するために研究者によって作成された.

・The children were interviewed individually in one of three interview conditions.
子供たちは三つのインタビュー条件のうちの一つにより個別にインタビューを受けた.

・A 50-item questionnaire was developed and distributed to 1000 students and 600 questionnaires were returned with a response rate of 60 %.
50 項目のアンケートを作成し，1000 人の学生に配布した結果，600 枚のアンケート用紙が回収され，回答率は 60 パーセントだった.

●計算・分析に関する表現

・A series of statistical tests have been performed to validate ~.
~確認するために一連の統計学的テストを行った.

・~ is calculated by ….
~は…によって計算される.

・Three-dimensional simulations are executed to clarify ~.
を明らかにするために 3 次元シミュレーションを実施する.

・The brief analytical process is as follows:
　Step 1:
　Step 2:
　Step 3:
簡単な解析プロセスは以下の通りである：
　ステップ 1：
　ステップ 2：
　ステップ 3：

3. Results（結果）でよく使われる表現

●文章内の表現

・As a result, ~
　結果として，~
・Our results demonstrate / show / indicate ~.
　我々の結果は～を明らかにしている / 示している / 示唆している．
・Figure X / Table X indicates / shows that ~.
　図 X / 表 X は～を示唆している / 示している．
・We can represent ~　in a simple diagram as follows:
　以下のように～を簡単に図示することができる．
・The results are presented in Table X.
　結果は表 X に示される．
・Table X summarizes ~.
　図 X は～をまとめたものである．
・Figure X shows ~.
　表 X は～を示す．
・~ is revealed in the following Figure.
　～は次の図に明らかにされている．
・As Figure X indicates, ~.
　図 X が示すとおり，~.
・The results of our experiment clearly show the following:
　1)
　2)
　実験結果は以下のことを端的に示している．
　1)
　2)

●図表の説明でよく使う単語

table	表（Table 1, Table 2 など，大文字で始めて，冠詞なしで用いる．通し番号にする．）
column	欄
figure	図（Figure 1, Figure 2 など，Table と同様である．）
diagram	図形
formula	公式
chart	図表（pie chart 円グラフ，bar chart 棒グラフ，flow chart 流れ図）

graph　グラフ（二つの数量の間の相関を折れ線や曲線で示したもの.）

histogram　度数分布図

・ dot　点

* asterisk　星印

○ circle　円

□ square 正方形

▭ rectangle 長方形

△ triangle　三角形

→ arrow　矢印

+ plus　プラス記号

- minus マイナス記号

= equal　等記号

---- broken line 破線

… dotted line　点線

／ slash mark　斜線

以下の四つは通常ペアで使うため複数形

( ) parenthesis(-theses) / round bracket(s) 丸括弧

[ ] bracket(s) / square bracket(s) 角括弧

< > angle bracket　山括弧

{ } brace(s)　中括弧

set / class / category / group 集合　subset 部分集合

proportion 割合

●図表の位置や，表中の箇所を指す表現

・パターン 1

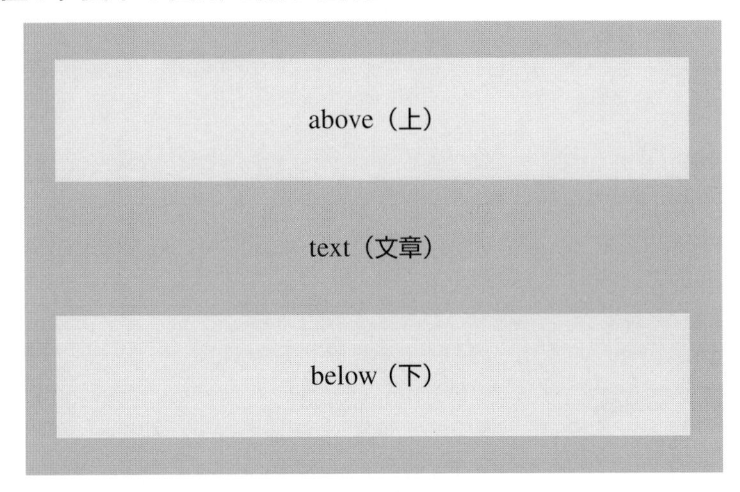

・パターン 2

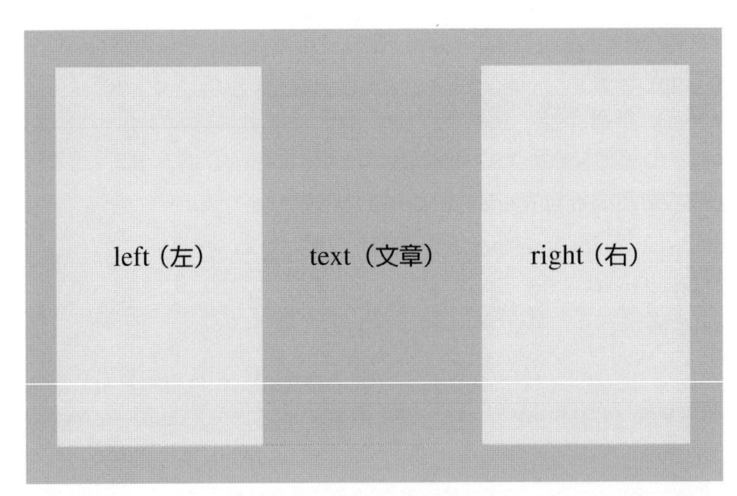

・パターン 3

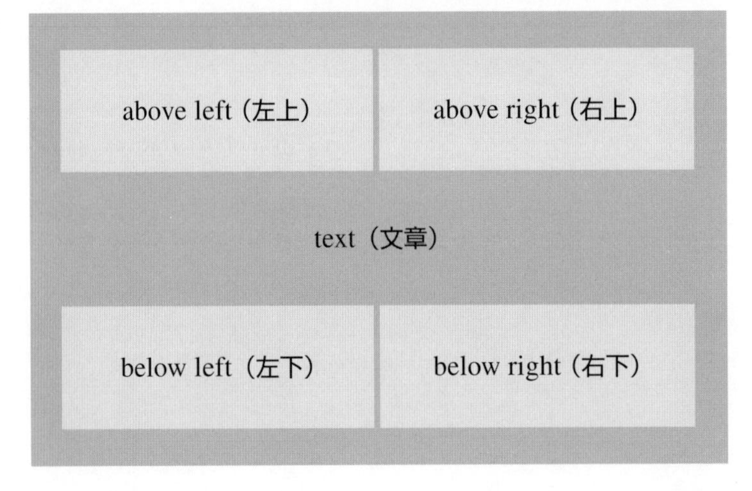

・パターン４

top left（上段左）	top middle（上段中央）	top right（上段右）
middle left（中段左）	middle / center（中央）	middle right（中段右）
bottom left（下段左）	bottom middle（下段中央）	bottom right（下段右）

・パターン５

top（上段）
second from the top（上から２段目）
middle / third from the top（真ん中 / 上から３段目）
second from the bottom（下から２段目）
bottom（下段）

・パターン６

left / extreme left（左 / 左端）	second from the left（左から２番目）	middle（真ん中）	second from the right（右から２番目）	right / extreme left（右 / 右端）

たとえば，■部分に広告が入るレイアウトを，こんな風に言うこともできます．

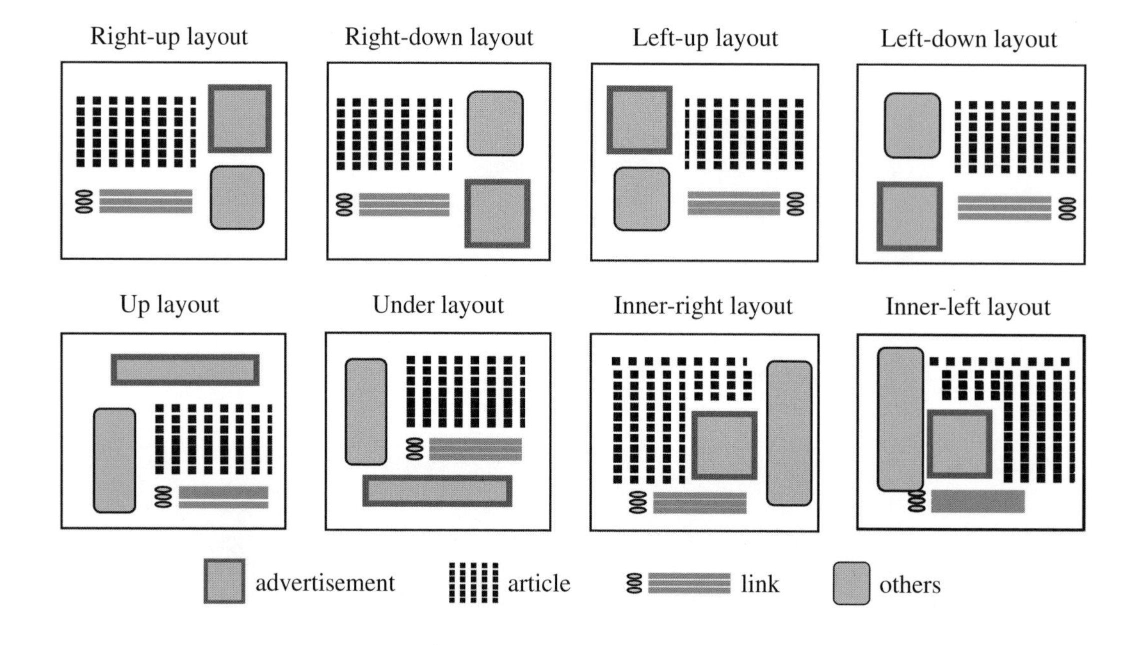

4. Discussion（考察）及び Conclusion（結論）でよく使われる表現

・It is clear / obvious / possible / likely that ~.
　~ということは明らかである / 明白である / あり得る / 考えられる．

・The results prove clearly that ~.
　これらの結果は ~ ということをはっきり証明している．

・It is not to be denied that ~.
　~ということは否定できない．

・Even if any doubt remains about ~, it is clear that ….
　~について疑問は残るにしても，…ということは明らかである

・Even if ~, this does not affect the validity of ….
　~だとしても，これによって…の妥当性は影響を受けない．

・We may say that ~.
　~と言ってもよい．

・We cannot say that ~.
　~ということはできない．

・It seems reasonable to conclude that ~.
~と結論づけるのは妥当であるように思われる.

・This is a valid argument / assumption .
これは有効な議論 / 仮定である.

・One possibility is to assume that ~. Another possibility is ….
一つ考えられることは~ということである．もう一つ，…とも考えられる.

・Given that ~, we can explain why ….
~とすれば，なぜ…なのか説明できる.

・Note that ~.
~ということを注意すべきである.

・We shall discuss it in detail.
それを詳細に検討しよう.

・We shall now look more carefully into ~.
さて~をもっと念入りに見てみよう.

・We shall concentrate / focus on ~.
~に焦点を絞ろう.

・Before turning to ~, we must pay attention to ….
~に移る前に，…に注意を向けなければならない.

・This will lead us further into a consideration of ~.
このことは，さらに~の考察へと導く.

・Let us now attempt to extend the observation into ~.
さてこの考察を~へと広げてみたい.

・We are now in a position to say ~.
我々は今や~ということを言える段階にある.

・We are now ready to consider ~.
我々は今や~を考察する準備ができている.

・Having observed ~ , we can then go on to consider ….
~を考察したので，次に…の考察に進むことができる.

・It is not necessary for the purpose of this article to enter into a detailed discussion of ~.
本論文の目的には，~について詳細に検討する必要はない.

・To argue this point would carry us too far away from the purpose of this paper.
この点について議論すると，本論文の目的から大きく外れてしまう.

・~ remain to be tested.
~は今後の調査する必要がある.

・It needs further consideration / discussion.
それについては今後の検討 / 議論が必要である.

・Compared with existing studies, our method allowed ~.
既存の研究と比べて，我々の手法では～が可能となった.

・Our method has the advantages of ~ in comparison with previous studies.
従来の研究と比べて，我々の手法は～という利点がある.

・Our results are consistent with previous findings obtained by ~.
我々の結果は，～によって得られた従来の発見と一致している.

・The results show that the proposed method is much better than the classical method.
この結果は，提案手法が従来の手法よりもはるかに優れていることを示している.

・The results of this study reveal that ~.
本研究の結果は，～ということを明らかにしている.

・These findings show that ~.
これらの結果は～ということを示している.

・The results lead to the conclusion that ~ .
これらの結果は～という結論をもたらす.

・The following are the main findings of this study:
以下は本研究で主に明らかになった事である：

5. Conclusion（結論）及び今後の課題でよく使われる表現

・In the future, ~ also need to be discussed in more detail.
将来は，～についてもより詳細に検討する必要がある.

・A detailed analysis on ~ will be presented in a future work.
～についての詳細な分析は , 今後の研究で示したい.

・To further verify the results, future work should perform ~.
これらの結果の信憑性をさらに確かめるには，将来の研究で～するべきである.

6章

技術英語らしくする方法

アドバイス通り
思い切ってこっちから
「一緒にカレー食べに行こう」
って誘ったら
あっさりオッケーして
もらえましたっ！
It Looks Really Cool
良かったですね！
えへへ
そう…
今日も
白衣ですしね…
これが一番
落ち着くんだ
今まで
着るものなんて
気をつかったこと
なかったから…
それで
デートに着ていく服を
買いたいと…？

あっ
うっ…
それはちょっと露出が
多くないか…!?
肩が……
腕が…
これくらい
大胆にいかないとー！
ばーーん！
これなんて
どうですか？
博井先輩、白衣でわからないけど
実はスタイルいいんですし…☆
かあしっ
なっ
Cafe de la
ふぅ…
こんなに緊張したのは
久々だ…
大げさだなぁ…
でも買った服、
博井先輩に
似合ってましたよ！
そ、そうか…！
江本さんも
本屋で何か買って
いたよな？
あっ
ハイ
ごそ…

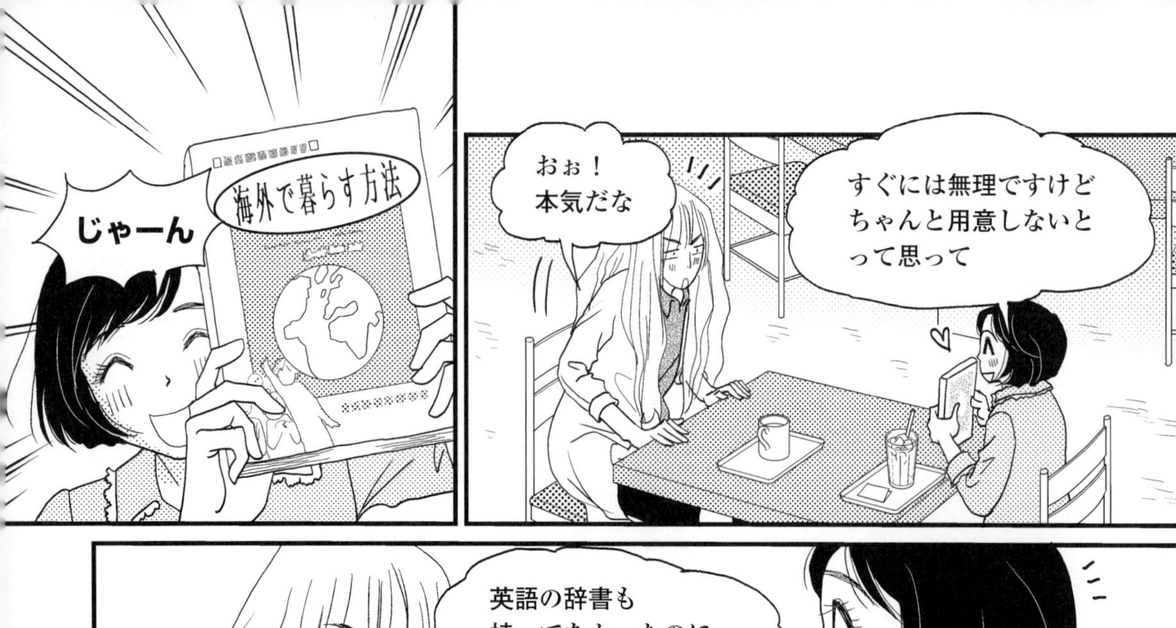
じゃーん
海外で暮らす方法
おぉ！
本気だな
すぐには無理ですけど
ちゃんと用意しないと
って思って

英語の辞書も
持ってなかったのに…
成長したな
へへへ

お願いします！

よし
時間もあるから
ここで論文の話を
していくか？

こんなこともあろうかと
博井先輩と会うときは
筆記用具を持ってくる
ようにしてますし！
バッチリ!!
やるなぁ

1. お手本を有効活用しよう

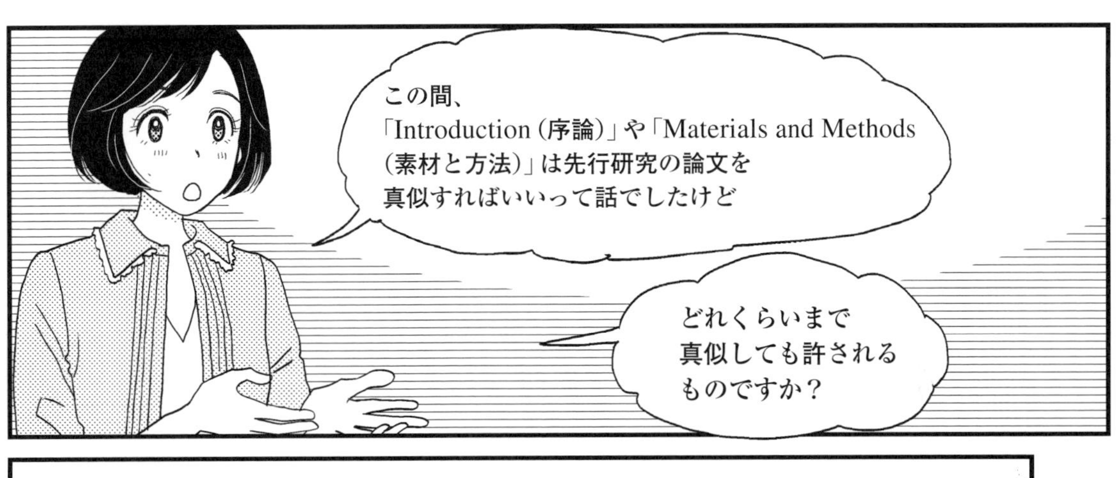

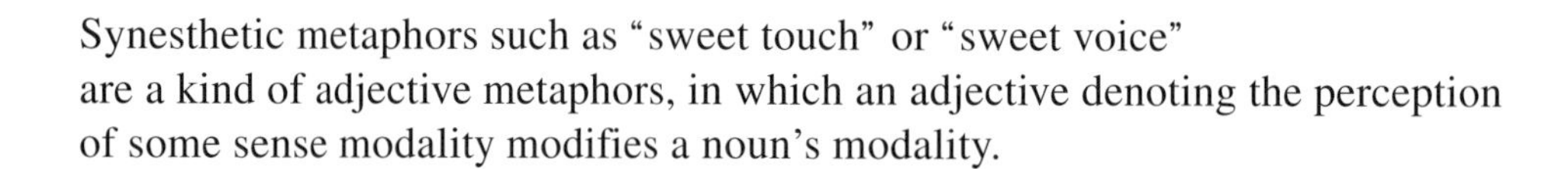

「甘い手触り」や「甘い声」といった共感覚比喩は，感覚モダリティを表す形容詞が
名詞の感覚モダリティを修飾する形容詞比喩の一種である.

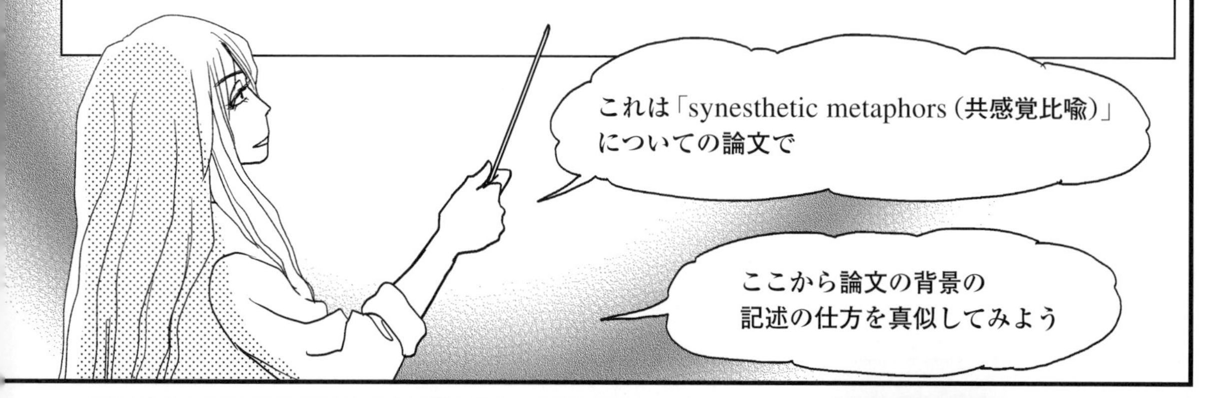

でもこの論文は私の研究テーマではないものですよね…？

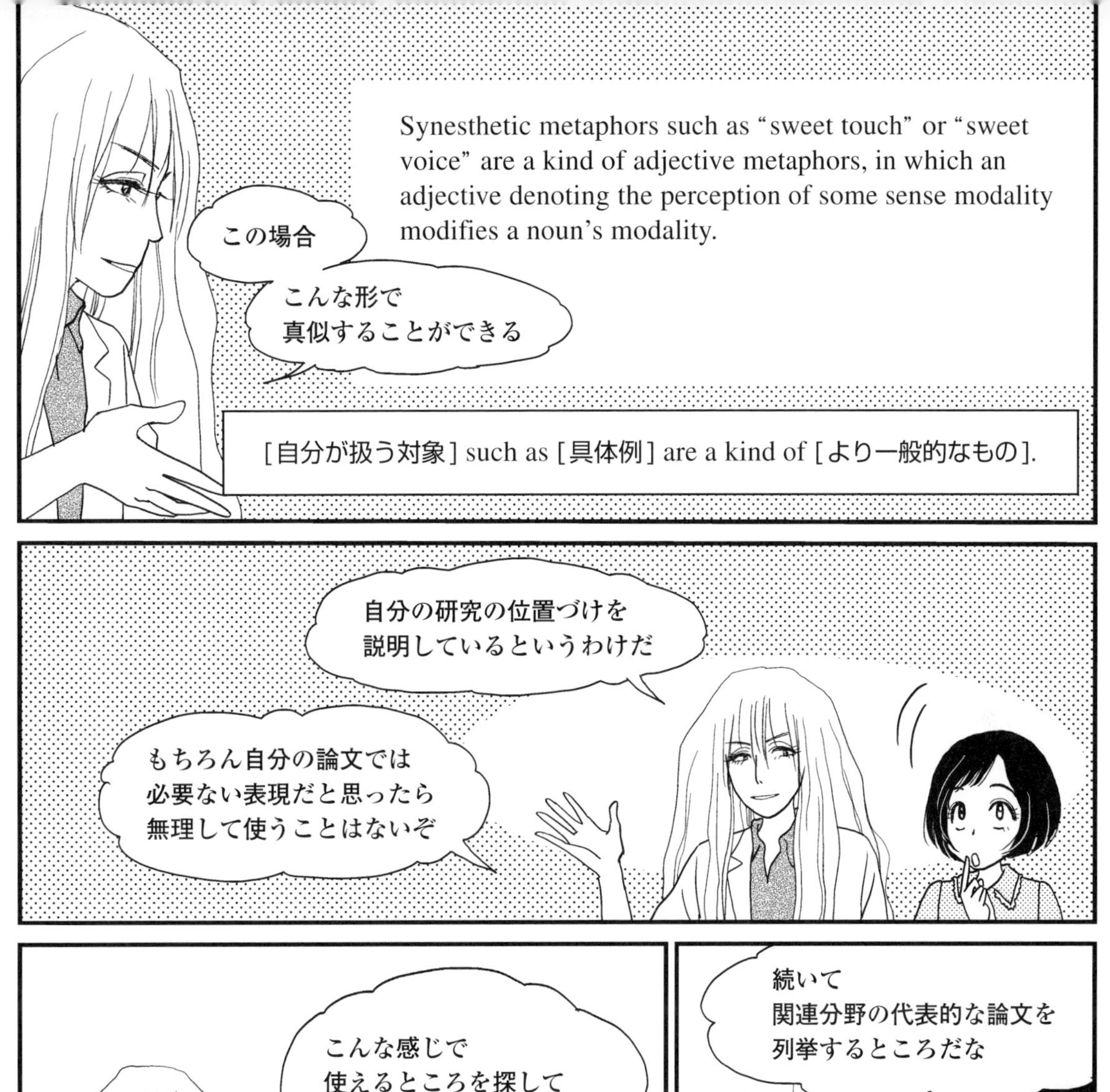
Synesthetic metaphors such as “sweet touch” or “sweet voice” are a kind of adjective metaphors, in which an adjective denoting the perception of some sense modality modifies a noun’s modality.
この場合
こんな形で真似することができる
[自分が扱う対象] such as [具体例] are a kind of [より一般的なもの].
自分の研究の位置づけを説明しているというわけだ
もちろん自分の論文では必要ない表現だと思ったら無理して使うことはないぞ

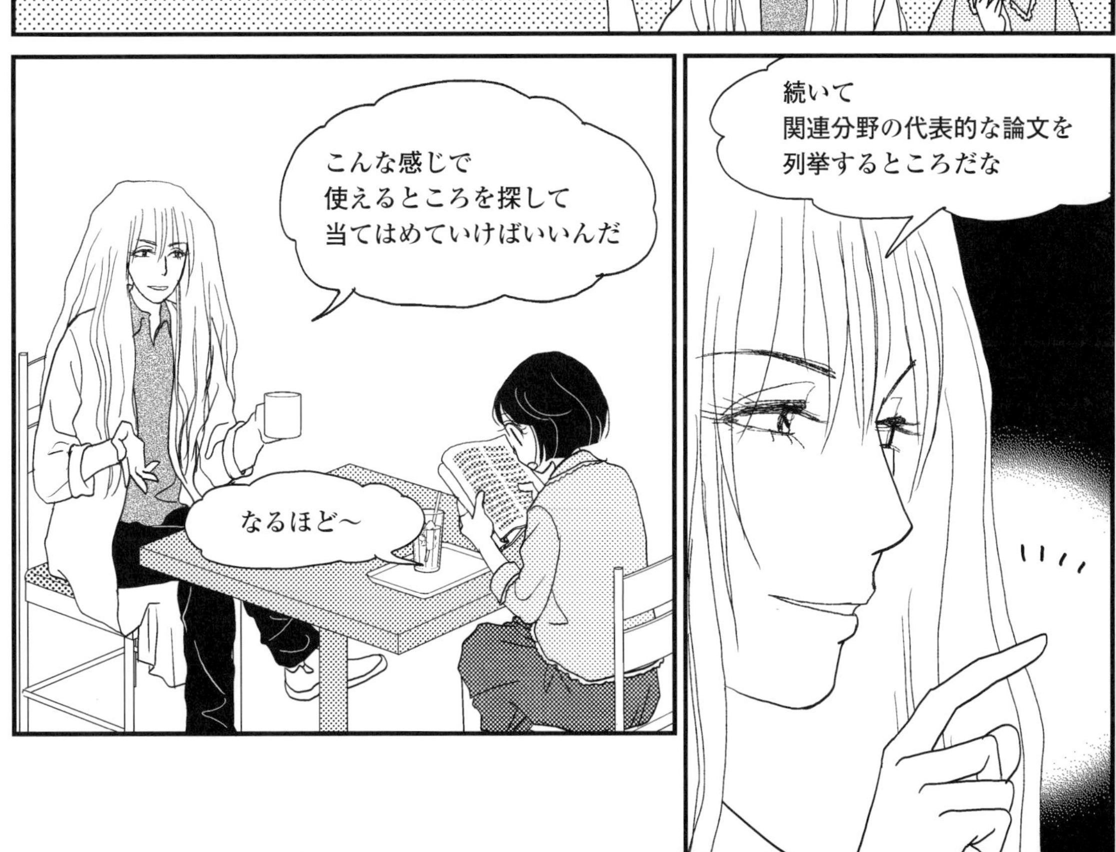
こんな感じで使えるところを探して当てはめていけばいいんだ
なるほど〜
続いて関連分野の代表的な論文を列挙するところだな

この論文では、投稿先の国際会議で一般的によく扱われるテーマとの関係で、先行研究の紹介をしているぞ

Metaphor studies in the domain of cognitive science have paid little or no attention to adjective metaphors. Many existing studies have paid much attention to nominal metaphors such as "My job is a jail" (e.g., Bowdle and Gentner (2005); Glucksberg (2001); Jones and Estes (2006); Utsumi (2007)) and predicative metaphors such as "He shot down all of my arguments" (e.g., Lakoff and Johnson (1980); Martin (1992)).Many studies focusing on synesthetic metaphors, including Werning, Fleischhauer, and Beşeoğlu (2006), have examined how the acceptability of synesthetic metaphors can be explained by the pairing of adjective modifier's and head noun's modalities. Ullmann (1951), in a very early study on synesthetic metaphors, proposes a certain hierarchy of lower and higher perceptual modalities. He claims that qualities of lower senses should preferentially occur in the source domain, while qualities of higher senses should be preferred in the target domain. After Ullmann, Williams (1976) makes a more differentiated claim of directionality, in which a similar order of sense modalities is proposed. Recently, Werning et al. (2006) explores the factors that enhance the cognitive accessibility of synesthetic metaphors for the German language. Very few studies, however, have attempted to explore how people comprehend synesthetic metaphors.

認知科学における比喩研究は形容詞比喩にはほとんど注意を払ってこなかった．多くの先行研究は「私の仕事は刑務所だ」といった名詞比喩や「彼は私の主張をことごとく撃破した」といった叙述比喩に注目してきた．共感覚比喩に着目した研究の多くは，共感覚比喩の容認度がどのように形容詞と名詞のモダリティの組み合わせによって説明できるかについて分析してきた．共感覚比喩の初期の研究であるUllmann(1951)は低次と高次の感覚モダリティの階層性を提案している．低次の感覚は根源領域になり，高次の感覚は目標領域になる傾向があると主張している．その後，Williams (1976)は，より精緻化した感覚間の転用の方向性を指摘している．近年では，Werningら(2006)がドイツ語の共感覚比喩の容認度を説明する要因を調査している．しかしながら，人がどのように共感覚比喩を理解しているのかを明らかにしようとしている研究はほとんどない．

ここも私の知らない論文ばっかだ…

[自分が対象とする研究] in the domain of [国際会議の分野名] have paid little or no attention to [自分が注目して扱うことにした研究対象]. Many existing studies have paid much attention to [自分の分野で盛んに研究されてきた対象] such as [具体例]. (e.g. [先行研究の列挙]). Many studies focusing on [自分の研究対象], including [先行研究], have examined [先行研究のabstractから適切にその内容を説明している一文を使う]. [先駆的な先行研究], in a very early study on [自分の研究対象], proposes [その先行研究の主張を1文でまとめている先行研究を探して真似する]. He claims that [その先行研究の主張を1文でまとめている先行研究を探して真似する]. After [前の文で紹介した先駆的な先行研究], [次に続く代表的な先行研究の説明]. Recently, [最近の代表的な先行研究] explores [その先行研究の主張を1文でまとめている先行研究の真似をするか, なければその先行研究のabstractからみつける]. Very few studies, however, have attempted to explore [先行研究で残されている課題].

In this study we propose that experience-based event knowledge plays an important role in relating the intermediate category evoked by the adjective to the target concept expressed by the noun. Event knowledge has been recognized to be important for metaphor comprehension process by many scholars.
For instance, Lakoff and Johnson (1980) argues that … As for synesthetic metaphors, Taylor (2003) argues that they cannot be reduced to correlations.
He argues that … Unlike Taylor (2003), Sakamoto and Utsumi (2008) point out that there are a number of synesthetic metaphors which seemed to be based on correlations in experience. For example, … However, Sakamoto and Utsumi (2008)
did not verify their argument based on psychological experiment. In this study we focus on experience-based event knowledge when we explore how people comprehend synesthetic metaphors.

この研究では，我々は経験に基づいたイベント知識が，形容詞によって喚起される仲介カテゴリを名詞で表される目標カテゴリに関連付けるうえで，重要な役割を果たしていると提案する．イベント知識は，多くの研究者によって，メタファーの理解過程において重要であると認識されてきた．たとえば … 共感覚比喩に関しては，Taylor (2003)は共起関係には還元できないとしている，Taylor (2003)と異なり，Sakamoto & Utsumi (2008)は，経験上の共起性に基づいていると思われる共感覚比喩は多いとしている．たとえば … しかしながら，Sakamoto & Utsumi (2008)は，心理実験によってその主張を検証していない．本研究では，人がどのように共感覚比喩を理解しているのかを調べる際に，経験に基づいたイベント知識に焦点をあてる．

ここもさっきと同じように
部分的に書き換えて使うことができる

In this study we propose that［自分の研究で提案すること］.［キーワードになる概念の説明］For instance,［その概念の先駆的先行研究］argues that［その先駆的先行研究で言われていること］.As for「自分の研究対象」,「その研究対象にその概念を用いている先行研究］argues that［その先行研究の主張］. He argues that［その先行研究の主張の説明］. Unlike［前の文の先行研究］,［前の文の先行研究とは異なる主張をしている先行研究］point out that［その先行研究の主張］. For example,［具体例を挙げて説明］.However,［前の文の先行研究］did not verify their argument based on psychological experiment. In this study we focus on［キーワードになる概念］when we explore［先行研究の課題であり，自分の研究で解決しようとする目的］.

最後はIntroductionのまとめを書いたり、論文の構成を予告したりして終わるんだ。次に書くことは、実験系の英語論文と理論系の英語論文では違う書き方になるから、ここでは実験系の英語論文の例でみていこう。
実験系では、「2. Materials and Methods（素材と方法）」になるぞ。
ここで見ていく英語論文では、人を使った実験をしているから、まずParticipants（被験者実験の参加者）についての説明から始まる

Thirty naive participants, aged between 19 and 26 years old, took part in the experiments. Fifteen of the 30 (ten males and five females) performed the experiment in the A condition; the other fifteen (ten males and five females) performed the experiment in the B condition.They were unaware of the purpose of the experiments, and they had no known abnormalities of their verbal or tactile sensory systems or any particular skills with respect to touch. They visited a laboratory at the University of ○○ for one day to conduct trials. Informed consent was obtained from the participants before the experiment started. Recruitment of the participants and experimental procedures were approved by the University of ○○Research Ethics Committee and were conducted in accordance with the Declaration of Helsinki.

30人の専門知識をもたない19歳から26歳の被験者が実験に参加した．30人中15人（男性10名と女性5名）は，A条件で実験を行った．残りの15人（男性10名と女性5名）はB条件で実験を行った．彼らは実験の目的は知らず，言語や触覚に関する予備知識や触覚に関する特殊技能も持たなかった．実験を行うために1日○○大学の研究室を訪問した．実験開始前にインフォームドコンセントを被験者からもらった．被験者のリクルートと実験手続きは○○大学の倫理委員会の承認を得て，ヘルシンキ宣言に基づいて行われた．

この中で、この論文固有のところを自分の研究の情報に置き換えればいいんですよね？

[参加者人数] participants, aged [参加者の年齢], took part in the experiments. [人数] (○○males and ○○ females) performed the experiment in the ○○ condition; the other [人数] (○○ males and ○○ females) performed the experiment in the ○○ -condition. They were unaware of the purpose of the experiments, and they had no known abnormalities of their [実験に関わる能力] or any particular skills with respect to [実験に関わる能力]. They visited [実験が行われた場所] for [実験が行われた期間] to conduct trials. Informed consent was obtained from the participants before the experiment started. Recruitment of the participants and experimental procedures were approved by [承認を受けた機関] Ethics Committee and were conducted in accordance with [規範の名前].

次は、Apparatus and Materials（実験環境と使った素材）についての説明だ

We selected 120 types of tactile materials for the experiments, including fabrics, papers, metals, leathers, rubbers, woods, sand, rocks, and plastics. When feasible, samples were cut to a size of 6 cm x 6 cm and stacked in layers to 2-mm thickness. As illustrated in Fig. 1, participants sat in front of a box with an 8 cm x 10 cm hole in it (the materials box) and placed the index finger of the dominant hand into the box through the hole to touch a material; they could not see the material while they were touching it.

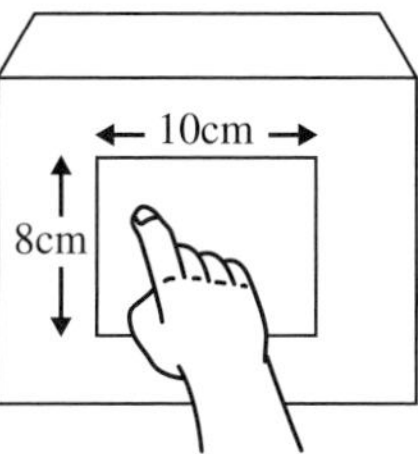

Figure 1: Participant touching a material.

実験のために，布，紙，金属，皮，ゴム，木，砂，岩，プラスティックなど120種類の触素材を集めた．実行に際しては，素材は6センチ×6センチにカットし，2ミリの厚さに重ねた．図1に示すように，8センチ×10センチの穴の開いた箱の前に座り，利き手の人差し指を穴を通して素材に触れるように入れてもらった．触れているときに素材が見えないようにした．

ここでは、図で実験の様子がわかるようにするといいぞ。
使える部分はそのときの実験方法によって違うかも
しれないが、だいたいこんな感じで当てはめていけるはずだ

We selected [種類の数] types of [どのような素材か] materials for the experiments, including [実際の素材例]. When feasible, samples were [どのように加工されたか]. As illustrated in Fig.[番号], participants [被験者はどのように実験を行ったか].

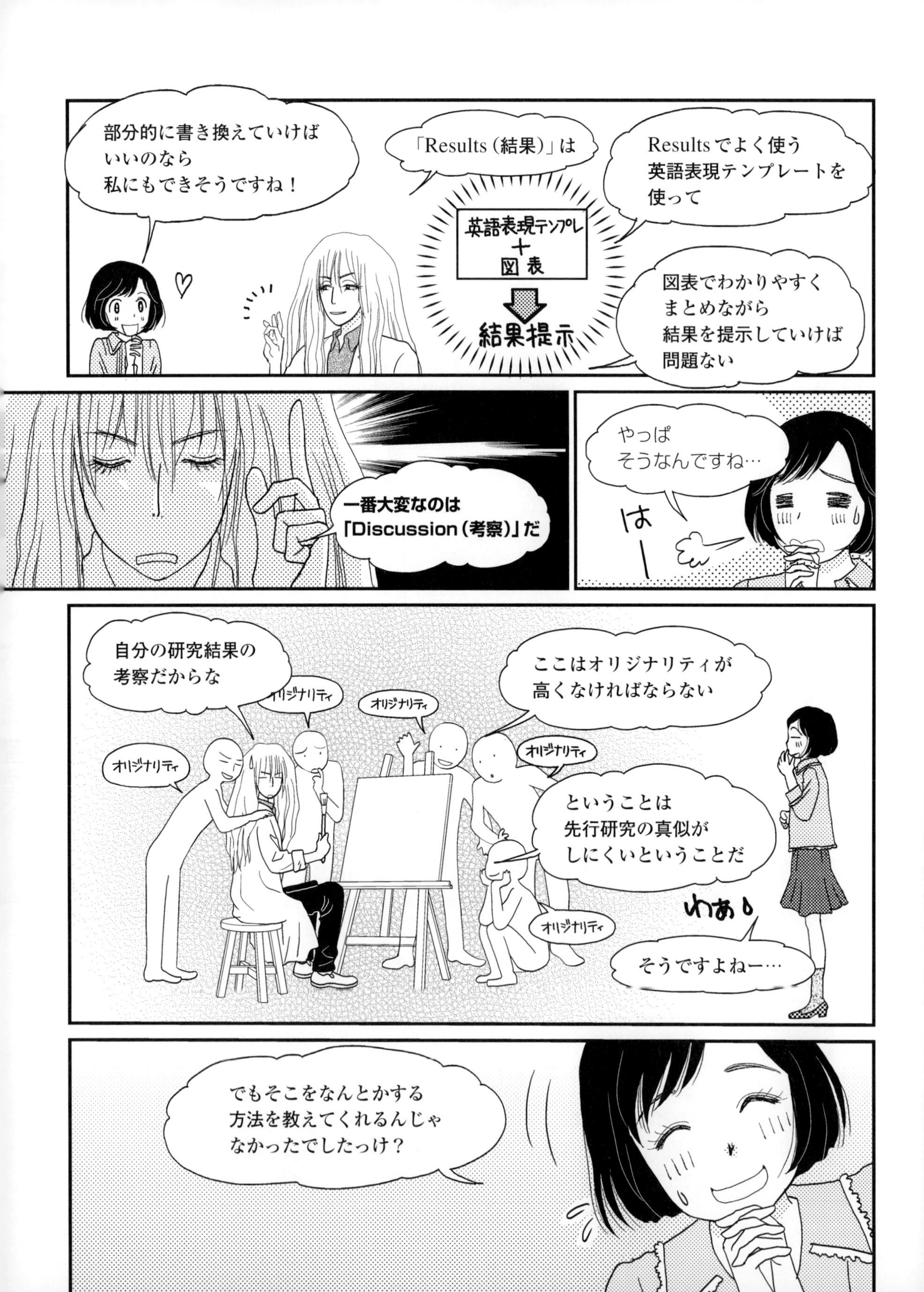
部分的に書き換えていけば
いいのなら
私にもできそうですね！
「Results（結果）」は
Resultsでよく使う
英語表現テンプレートを
使って
英語表現テンプレ
＋
図表
結果提示
図表でわかりやすく
まとめながら
結果を提示していけば
問題ない
一番大変なのは
「Discussion（考察）」だ
やっぱ
そうなんですね…
はー
自分の研究結果の
考察だからな
オリジナリティ
オリジナリティ
オリジナリティ
オリジナリティ
オリジナリティ
ここはオリジナリティが
高くなければならない
ということは
先行研究の真似が
しにくいということだ
わあ。
そうですよねー…
でもそこをなんとかする
方法を教えてくれるんじゃ
なかったでしたっけ？

2. インターネットを有効活用しよう

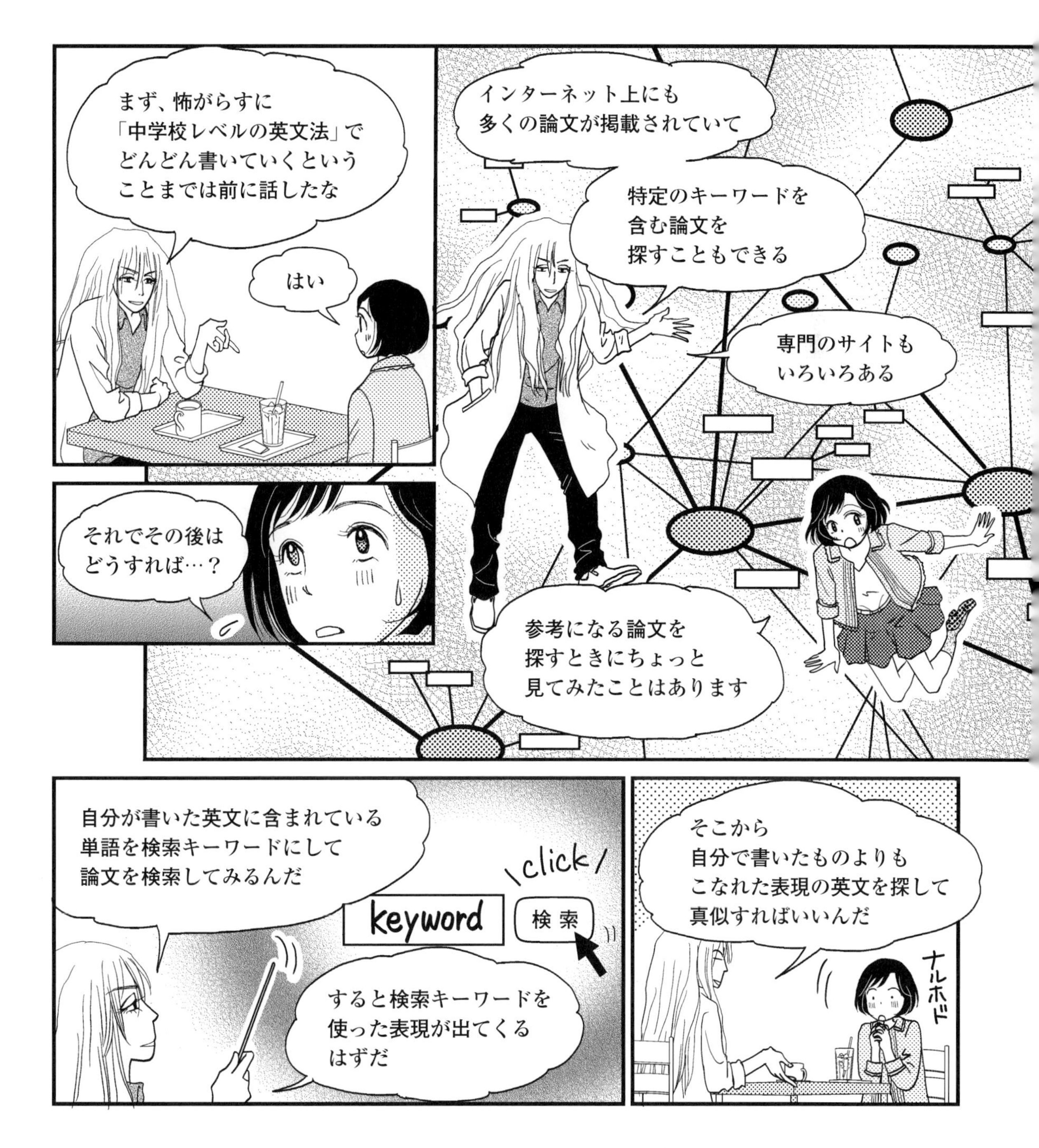

そんなやり方
アリなんですね…!?
なんか地味な
方法だった…
英語がかなりできる
人でも
よりよい英語表現のアイデア探しのために
インターネットで検索してみる…ということは
実はよくやってたりするんだ
へぇ〜！
このやり方は
勉強になるし
英語表現が豊かになる
方法なんだぞ
ただ
インターネット上には
nativeではない人が書いた
間違った英文も掲載されて
いるから
できるだけ
信頼がおけるサイトの
nativeが書いた英文を
参考にするといい
信頼のおけるサイト
nativeの英文
わかりました！
頑張って
書きます！

実は国際会議の後も
せっかく世界中の人が集まるんで
みんなとコミュニケーションとって
みようかなって思って
リスニングと
スピーキングも
勉強したいん
ですよねぇ…
うむ
その意気だ

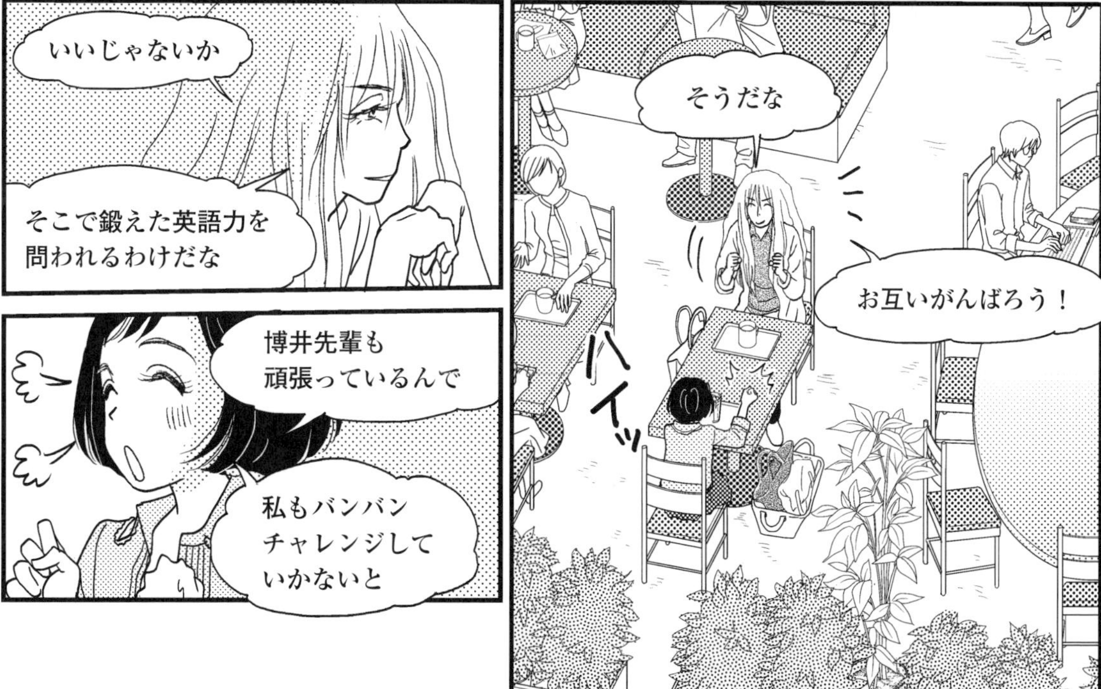
いいじゃないか
そこで鍛えた英語力を
問われるわけだな
博井先輩も
頑張っているんで
私もバンバン
チャレンジして
いかないと
そうだな
お互いがんばろう！

論文のテンプレート

ここでは，論文の構成を穴埋め形式で作っていけるようなテンプレートをいくつか紹介します．英語論文を書き慣れていない人にとって，ゼロから論文を作り上げていくのは大変なものです．少し手がかりがあれば，自分の書く論文のイメージが出来上がっていくのではないかと思います．マンガの中でも言われていたように，自分の専門分野の論文をいくつか読んでいく中で，自分が書こうとしている内容にもっとも近い論文，自分が論文の中で先行研究として紹介するような論文を見つけたら，真似をしてみましょう．ただし，真似してもよいのは一般的な表現や形式で，その論文のオリジナルの内容を取り入れてしまうと盗作になってしまうので注意しましょう．

●テンプレート１（理工系の多くの研究に共通するような枠組み）

1. Introduction

The Theory of [理論の名前][理論の定義]. The model has been extended to account for [そのモデルが説明できる幅広い分野]). Despite the extensiveness of the [モデル名], we are aware of only a few recent studies ([先行研究名]) challenging [多くの先行研究は説明しようとしてこなかった点]. Of these studies we will include [先行研究名]. Computational models of [研究分野] such as [モデル名] offer both theoretical and practical advantages. The theoretical advantages include [利点の具体例]. Computational models can also be applied to [何に適用できるのか]. [モデル名] is thus able to [そのモデルは何かできるのか], but we find that there is room to examine [何を調べる余地があるのか]. In the following we shall examine [何を調べるのか].

2. Methods

3. Results

Table 1 displays [Table 1 に示されていること]. Note that [注目すべきこと]. [Table 1 の中の特定箇所] Table 1 confirms that [表 1 によって確かにされていること].

Table 1 [表 1 の説明]

To further examine [さらに調べる対象], Figure 1 displays [図 1 によって示されていること], i.e. [具体的な説明].

Figure 1 [図 1 の説明]

As is evident from Figure 1, the model is [図 1 から明らかなモデルの特徴].

Table 2 lists [表 2 に挙げられていること].

Table 2:[表 2 の説明]

4. Discussion

[我々が発見したこと] that we found are consistent. We find that this is a strong point as [どのようなモデルとしての強みなのか]. We therefore preliminarily conclude that [それゆえ何と結論付けられるのか]. We do not understand [何はわからないのか], but this is an interesting topic for future studies.

●テンプレート2（人を対象とした調査を行っている研究の場合など）

1. Introduction

How should [問題提起]. The[理論や方法論の名前] framework ([先行研究名]) has been remarkably successful at explaining [説明の対象] in a wide range of domains. However, its success is largely dependent on [何に依存しているのか]. This is unsatisfying practically, because the models do not scale beyond the originally modeled problem, and theoretically, as it is unclear whether [何が明らかではないのか]. One possible solution is to [何をすることか]. This helps address both the practical and the theoretical concerns raised by the [モデル名] model. In this paper, we use this approach to show [何を示そうとするのか], making it possible to apply the [理論や方法論の名前] framework to a wide range of [理論や方法論を適用しようとする対象]. We focus on one specific [課題名] problem, [具体的な課題], where [課題の説明]. Given that [想定すること], [何が解決するのが難しい問題なのか] is a very difficult problem ([先行研究名]). We propose a method for [何をする手法を提案するのか] using [何を使って行うのか]. In particular, we use [どのような資源を使うのか具体的に明示] ([先行研究名]) as [何として使うのか]. [資源や手段の名前] is [その説明]. These resources allow us to [何をすることを可能にするのか] We demonstrate that [何を示すのか], addressing the practical and theoretical issues with [モデル名] models discussed earlier. The plan of the rest of the paper is as follows. In the next sections we review the [モデル名] model and then examine [何を分析するのか]. We then show how to [どのようにして目的を達成するのか]. Afterwards, we present two experiments [何をする実験なのかの説明]. Finally, we discuss the implications of our work and future directions for research.

2. Methods

2.1 The [理論や方法論の名前] Framework

以下先行研究を参考に理論や方法論の説明をする.

2.2 Constructing [構築するモデル]

3. Experiments[評価実験]

To evaluate the performance of our models, we conducted two experiments. The first experiment [最初の実験は何をするのか説明]. The second experiment [2 番目の実験は何をするのかの説明].

3.1 Experiment 1

Participants: [被験者の数] participants were recruited via [どのような方法で被験者が集められたのか] and compensated [何に対していくらの報酬が支払われたのか]. Each participant completed as many trials as he or she wished. All participant responses were used.

Stimuli and Procedure: The stimuli consisted of [実験刺激の構成].

For each trial, participants were instructed that they needed to [被験者は何をするのか].

3.2 Results

Figure 1 shows the results of this experiment. For each condition, the data for each test item has been averaged over participants. [図 1 の説明].

This validates our method of [有効性が示された手法]

3.3 Experiment 2

Participants. [被験者の数] participants were recruited via [どのような方法で被験者が集められたのか] and compensated [何に対していくらの報酬が支払われたのか]. As in Experiment 1, each participant completed as many trials as he or she wished.All participant responses were used.

Stimuli and Procedure. Table 1 contains [表 1 に挙げられている実験刺激の説明]. The procedure was identical to Experiment 1.

3.4 Results

Figure 2 presents the averaged results of [何の結果か]. [図２の説明]

4. Discussion

Although the [理論や方法論の名前] framework has been extremely successful in explaining [何を説明するのはうまくいったのか], [不十分だったこと] is unsatisfying. In this paper, we explored [本研究で我々が明らかにしようとしたこと]. In the first experiment, we validated that the [モデル名] model can capture [何はとらえられたのか]. In the second experiment, we showed that the [モデル名] model explains [何は説明できたのか]. Using [どのような手法を使ったのか], the model [提案モデルは何をできたのか], thus demonstrating [我々のアプローチの利点の説明] benefits of our approach.

In the future, we hope to perform a large scale empirical test of the [提案モデル名] model using more [より強化する点]. The larger set of empirical results would enable us to perform a more detailed investigation of [より詳細に何を調査することができるのか].

●テンプレート3（計算モデルや理論的な研究の場合など）

1. Introduction

[論文で扱うトピック] plays an important role in the social life and attracts interest from a very broad range of researchers and scientists ([先行研究名]). In [研究分野] areas, [論文で扱うトピック] using computational models is a classical problem. The representative models include: [モデル名とそれを提案した先行研究名], [モデル名とそれを提案した先行研究名], and so on. In [研究分野名], [論文で扱うトピック] is a vividly researched area ([先行研究名の列挙]). It is argued that [主な先行研究で議論されてきた内容]. Researchers in [研究分野名] seek to understand [研究者が把握しようとしてきた内容]([先行研究名]). Hence, the researchers have utilized some [用いられてきた技術] techniques to [何をするための技術か], such as [技術の例]. [モデル名] model is utilized to measure of [測定の対象] and provide the predictions about [予測の対象] ([先行研究眼名前]). Many empirical validations have demonstrated that [モデル名] models have notable ability in various tasks, such as [モデルが有効な対象例の列挙]([先行研究名]).
This paper models [モデル化する対象] via [技術の詳細] technique. [技術名] models [モデル化の対象]. [モデル名] model is selected in this paper because of two considerations. First, [モデル名]architecture is [本論文でこのモデルを採用する理由]. Second, [モデル名] has demonstrated distinguished ability of [優れている点]([先行研究名]). This is the first paper utilizing [技術名] techniques to model [モデル化の対象]. Compared with existing [従来のモデル名] models, our proposed [モデル名] has several attractive characteristics: 1) [特徴の説明]. 2) [特徴の説明]. 3)[特徴の説明] .

2. Model

In this section, we design a [アルゴリズム名] algorithm for the task of [タスクの対象], includes [タスクの事例]. The strategy of [手法名] is utilized to construct a [構築対象].
[モデルの説明]

Figure 1: [図 1 のキャプション]

Figure 1 shows the architecture of [図 1 の説明].

3. Experiment

3.1 Data set

The data set collected between [収集開始時期] and [収集終了時期] contains [数] subjects with a total of [数]. We obtain [数] [得られたデータ] for each individual.

3.2 Procedure

In this experiment, we intend to investigate [調査目的，対象].

4. Experimental Results

In the experiment, we [実験の目的と得られたデータの性質などの説明]. [結果例] is shown in Table 1. As shown in Table 1, the [結果データ] of [従来モデル名] model is better than [別の従来モデル名] model. And our proposed [提案モデル名] has the best performance in comparison to others.

Table 1: [表 1 のキャプション]

5. Conclusion and Future Work

In this paper, we make an attempt to construct a [モデル名] model for [モデル化の対象] in a frame of [手法]. To evaluate proposed models, we do experiments on [実験の対象]. Experiment results not only show the distinguishing [優れている点] ability of our model but also clearly demonstrate [示せたこと]. To a certain extent our attempt is an example to prove that [証明できたこと]. In future, we will go in this direction to propose novel computational model by [手段]. And we will explore [研究対象] from the viewpoint of [どのような視点から行うのか].

7章

国際会議で発表するための準備

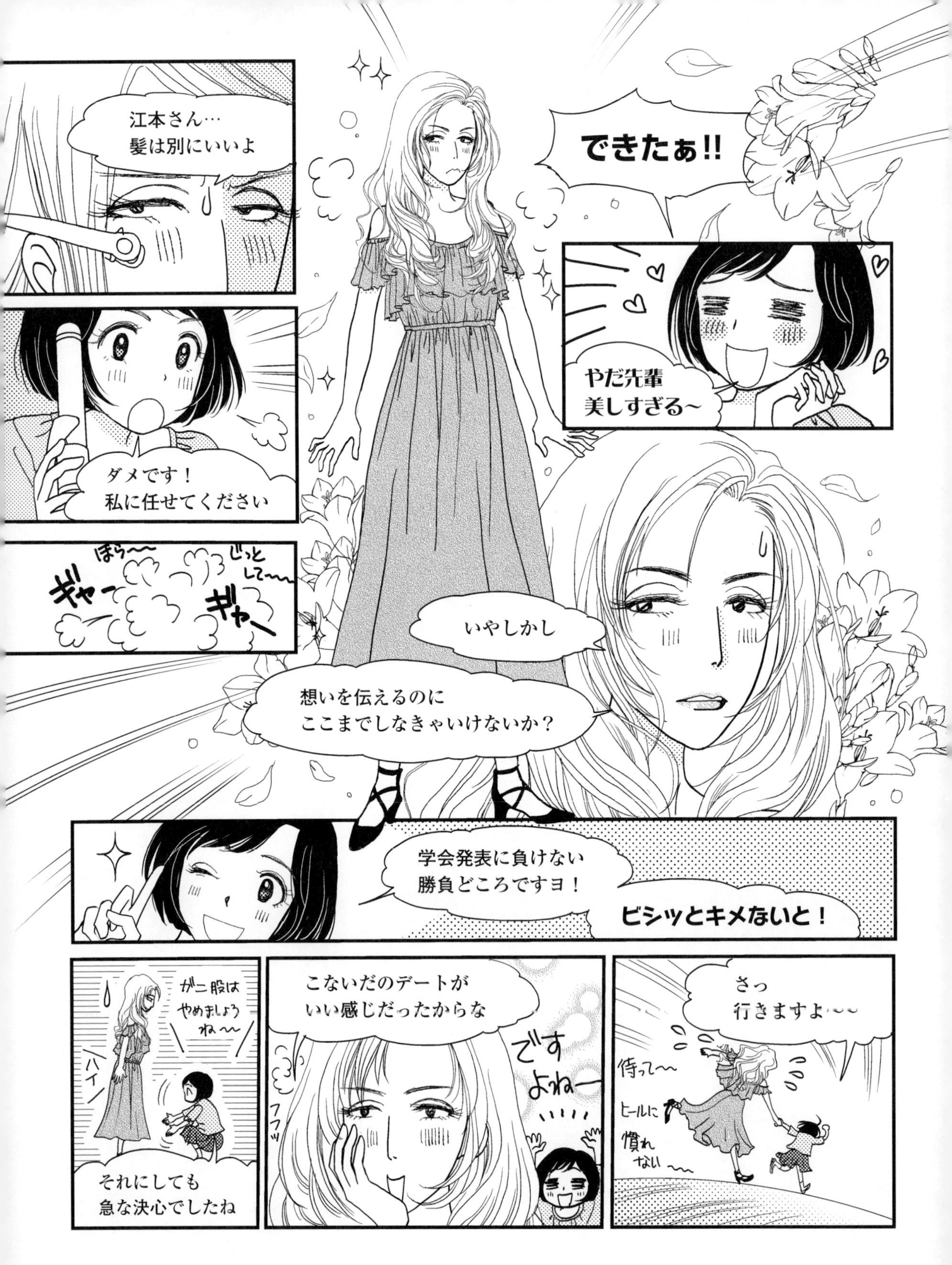
江本さん…
髪は別にいいよ
ダメです！
私に任せてください
ほら〜〜
じっとして〜〜
ギャー
ギャー
できたぁ!!
やだ先輩
美しすぎる〜
いやしかし
想いを伝えるのに
ここまでしなきゃいけないか？
学会発表に負けない
勝負どころですヨ！
ビシッとキメないと！
ガニ股は
やめましょうね〜〜
ハイ
それにしても
急な決心でしたね
こないだのデートが
いい感じだったからな
フフッ
ですよねー
さっ
行きますよ〜〜
待って〜〜
ヒールに
慣れない〜〜

チャダ君！
おー、ハクイさーん！
なんですカー？
パーティでもあるの～？
イイネー♪
ちょっといいかな…
ハイッ
？
もじもじ

ほら、勇気を出して！
コソ…
わ…私と…
ハイ？

私と友達になって
くださいっ!!
ずばーん!!
……エ？

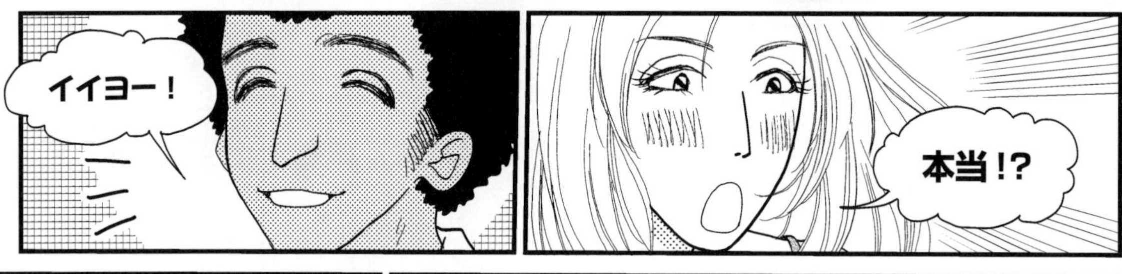
イイヨー！
本当!?

っていうか僕たちもう
友達だったんじゃ
ないノー？
人類みな友達ダヨー！
え
え
あ…ありがとう〜〜〜!!
……

よかった～！
今日はなんて
素晴らしい日なんだ！
あの～…

想いを伝えるって
あれでよかったん
ですか…？

い、いいだろ!?

何か問題あるか!?
い…いえ…
ま、一歩は前進
したのかな…
すべて
江本さんの
おかげ

今度は
江本さんの番だ
ぐっ
修造？

論文を仕上げるぞ！
おー
そ…
そうですね…！

1. メールを送ろう

どうにか書くことは
できたので
後は投稿する
だけです！
最近は、学会が主催する
大きな国際会議の場合
abstract（論文の要旨）はほとんど
会議のホームページから
提出できるようになってきた
Conference
会議サイト
だけど、今回江本さんが
投稿するのは比較的小規模の
ワークショップ形式の会議だから
メールに添付して送るようだな
はい
一応日本語で
メールの文面を
書いてきたんですが…
これを英訳しなくちゃですね
でも、出だしからつまずいて
しまいそうなのです…
どれどれ…？

謹啓
晩夏の候，John Smith教授におかれましては，ますますご健勝のこととお喜び申し上げます.
〜〜〜
これは日本語の手紙の書き方だな…
これをそのまま英訳するわけじゃない
そうなんですか？
日本語と英語では、手紙やメールの書き方のルールが違うんだ

まず、英文メール心得５か条を教えよう
英文メール心得５か条
心得１　相手の姓名にはDearと敬称（ProfessorやDr., Mr, Mrs., Msなど）をつける.
心得２　時候の挨拶は必要なし.
心得３　用件を始めに書く.
心得４　お礼を忘れずに書く.
たとえば，日本語の「よろしくお願いします」はThank you very much in advance.
心得５　最後はSincerely yoursやYours sincerely,やBest regardsなどと書いてから署名を書く.
自分の肩書も遠慮なく書く．Dr. John Smithなどと書いておこう.

うーん
やっぱり実際に英語で書かれた
メールを見てみないことには
イメージしづらいですね…

今日は気分がいいから
特別に私が英訳してあげよう！
フフッ

これを参考に、今後は
自分で書けるようになるといい
カチカチ
やったー！

拝啓　John Smith教授

2016年11月にサンフランシスコで開催される情報理工学に関するワークショップに参加したいと思っております．投稿する論文のタイトルは「ニュースサイト広告のレイアウトの最適化」で，著者の八代甚平と江本リナはともに○○に所属しております．

添付したファイルは，マイクロソフト・ワードファイルとPDF化した論文のアブストラクトです．これらを開くのに問題があれば，お知らせください．私の電話番号は：+81-(0)3-3333-3333，ファックス番号は+81-(0)3-3333-3335です．

どうもありがとうございました．ワークショップでお会いするのを楽しみにしております．

敬具

Dear Prof. John Smith

We would like to attend the workshop on Information and Engineering Sciences to be held on November 2016 in San Francisco. The paper we would like to contribute to the workshop is entitled "Layout Optimization of Advertisements on News Websites". The authors of the paper are Jinbei Yashiro and Rina Emoto, both affiliated ○○.

Attached here please find a MS-WORD and its PDF files of the abstract of the paper. Please let me know if you have any problems in opening these files. My phone number is +81-(0)3-3333-3333 and the fax number is +81-(0)-3-3333-3335.

Thank you very much and I look forward to seeing you at the workshop.

Sincerely yours,

Rina Emoto

返事が来るまで
英会話のほうも練習
しとこ～っと！
では、この内容で
メール送りますね！
1人でやっているのか
それから――
しょうがない
私が話し合い相手に
なってあげよう
わぁ
ありがとう
ございます～
八代 甚平 教授
Prof. Jinbei Yashiro
研究室
博井先輩！
メールの返事が
来ました！
どうだった？
キイ…
それが…

Dear Rina Emoto

Thank you for your contribution to the International Workshop on Information and Engineering Sciences to be held at San Francisco.

We are glad to inform you that your paper has been accepted by the program committee and you are invited to give an oral presentation on your paper.

The reviews are included below. Please attend carefully to the reviewers' comments and revise the submission to take the comments into account when you submit the final, camera ready version.

Sincerely yours,
John Smith

拝啓　江本リナ様
サンフランシスコで開催される情報理工学のワークショップへのご投稿をありがとうございます.
あなたの論文がプログラム委員会によって採択され，論文内容の口頭発表をしていただけるようご招待する旨，お知らせできることをうれしく思います.
査読内容は下記に記載されています. 査読者のコメントに注意を払っていただき，コメントを考慮して投稿論文を改訂し，最終印刷用原稿を提出してください.
敬具
John Smith

論文が採択されたんだな！
おめでとう！
ありがとう
ございます！
でも「口頭発表」しなくちゃ
いけないんですよ～!?
なおさら
よかったじゃないか
そ…
そうなんですか？
国際会議での発表には大きく分けて
oral presentation（口頭発表）と
poster presentation（ポスター発表）が
あるんだ
どちらがよりすごい
ということではないけれど
口頭発表できる件数は
限られている
《国際会議発表》
口頭発表
ポスター発表
だから、その会議に参加する
多くの聴衆にとって
意義があると判断された論文が
口頭発表として
選ばれることが多いんだぞ
へぇ～…

ちなみに、ポスター発表の場合は
指定のパネルに自分の研究内容を
紹介するポスターを掲示して
その前で説明するスタイルだ
ポスター掲示
前で説明

研究が途上段階の場合は
いろんな人の意見が聴ける
ポスター発表の方が
メリットは大きいと
思っている
うん
うん

ということは
ポスター発表でも結局英語で
話す必要はあるんですね…

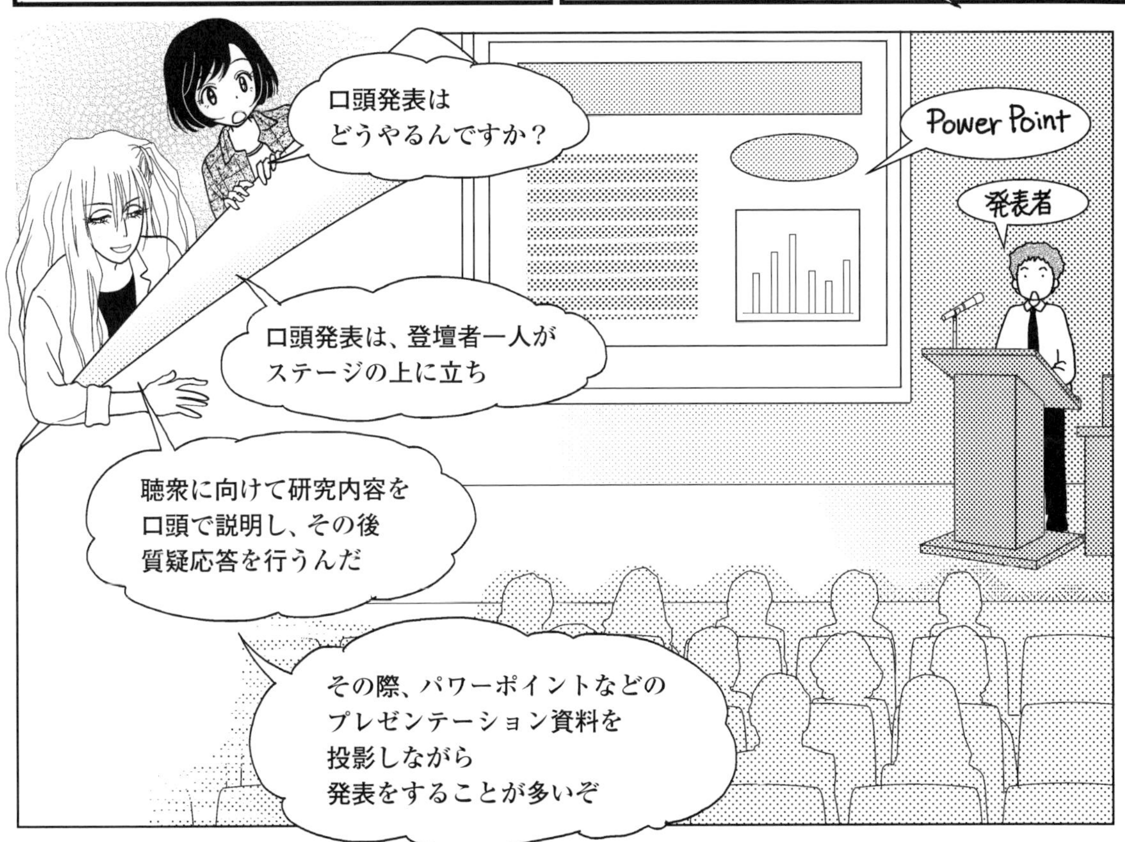
口頭発表は
どうやるんですか？
Power Point
発表者
口頭発表は、登壇者一人が
ステージの上に立ち
聴衆に向けて研究内容を
口頭で説明し、その後
質疑応答を行うんだ
その際、パワーポイントなどの
プレゼンテーション資料を
投影しながら
発表をすることが多いぞ

プ、プレゼン…！
ひゃ——
投影する資料の準備もしないとなのかぁ…
しかも大勢の前に立って英語で喋らなくちゃいけないなんて…
国際会議後にコミュニケーションをとるために英会話も鍛えてるんだろ？
ちょうどいいチャンスじゃないか
そうなんですけどー…やっぱり緊張しますよ～
すでに決まっている論文内容を説明すればいいんだから大丈夫だろう
楽勝楽勝♪
そうかなぁ…

英語論文がもう書けてるんだからプレゼン資料を作るのはそんなに大変ではない
論文
プレゼン資料ができればそれにちょっとだけ言葉を補いながら話せばいいから問題ないさ

わ、わかりました！
決まったからには
頑張るしかないですしね！
そうそう

発表しやすいプレゼン資料の
作り方ってあるんですか？
それは教えられるが…
その前に
お世話になるJohn Smith教授のところを
訪問できるか、メールで聞いてみたほうが
いいだろう

カタ カタ カタ カタ
あ、そうなんですね
どんな風に書けば
いいんですか？
たとえばこんな感じで
書けばいい

Dear Prof. John Smith

I am writing to ask you to accept our visit to your laboratory after the International Workshop on Information and Engineering Sciences to be held in San Francisco in 3 months.

We are hoping to visit you on November 5th, 2016. We will be a party of three, including Prof. J. Yashiro, Ms. Hime Hakui and myself. So, please let me know if you will be available for us.

Thank you very much in advance.

Sincerely yours,
Rina Emoto

拝啓　John Smith教授.
3か月後にサンフランシスコで開催される情報理工学の国際ワークショップの後,
先生の研究室を訪問したく本状をお送りするものです.
11月5日に訪問したいと考えております. 当方は, 八代甚平, 博井ヒメと私の
3名です. ご都合をお知らせくださいませ.
どうぞよろしくお願いいたします.
敬具
江本 リナ

2. 発表しやすいプレゼン資料を作ろう

まず
発表時間に応じて
パワーポイントの枚数を
きちんと決めておくことが
大切だ
パワポ
?
枚
科学技術分野の学会の
発表時間は質疑応答を加えても
20 ～ 30分が多い

教授に伺ったところ
私の発表時間は15分で
質疑応答が5分ということ
でした
質疑応答
5 min
発表
15 min

なるほど
平均して1分1枚が
適当な量だから
15 ～ 20枚に
収めるといいな
カタカタ
パワポ目安
1枚/1分
わかりました

早く終わりすぎても
質疑応答が長くなってしまうから
苦しいし
長すぎても、途中で急かされて
焦るからよくないんだ
キビシすぎる….
START
発表
質疑応答
START
発表
質疑
わかってますってー
Hurry up!!
ぴったりの分量で資料を
用意しておかないとですね…

発表時間終了１分前に
予鈴がなることが多いから
そのときに時間調整できる
余裕があればいいんだけどな
うわー
そうかー
資料を作れたら
発表の練習をしながら
時間も計ってみます
Ring♪
あと1分

それがいい
カタ
カタ
メモメモ
時間も 計る….と。

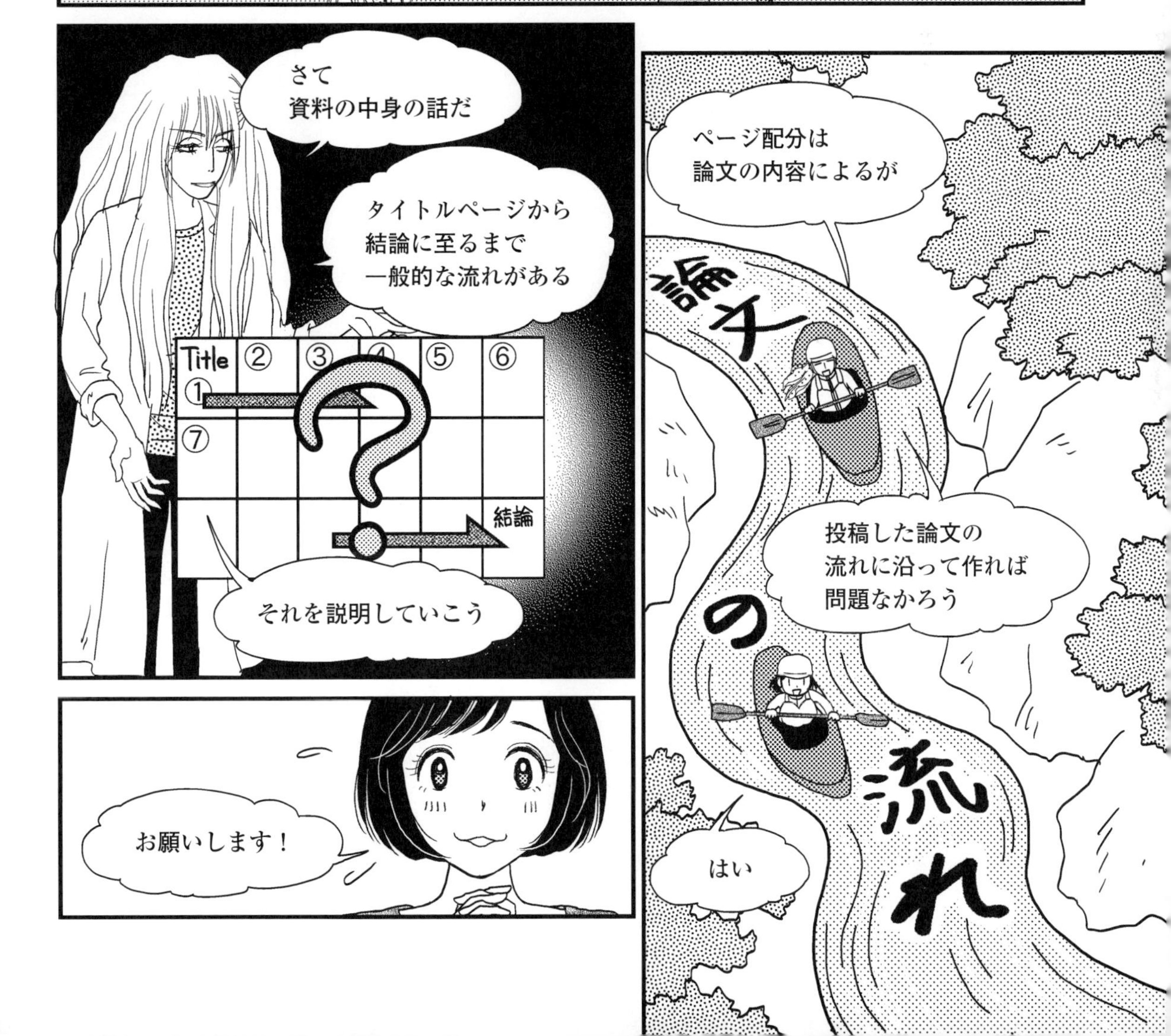
さて
資料の中身の話だ
タイトルページから
結論に至るまで
一般的な流れがある
Title
①
②
③
④
⑤
⑥
⑦
結論
それを説明していこう
お願いします！
ページ配分は
論文の内容によるが
論文の流れ
投稿した論文の
流れに沿って作れば
問題なかろう
はい

江本さんの場合は
こんな感じになるだろう
ページ配分の目安
1　タイトルページ……………………… 1枚
2　目次……………………………………… 1枚
3　研究の背景……………………… 1～2枚
4　目的……………………………………… 1枚
5　研究手順（実験概要）……………4～5枚
6　結果と考察…………………………4～5枚
7　結論……………………………………… 1枚
8　今後の課題…………………………… 1枚
9　参考文献や謝辞などのページ
「流れに乗る」ので カヌー装備 なんだぞ
「研究手順」と「結果と考察」以外は
ほとんど1枚でいいんですね…

では、資料の
中身の話をしよう
それぞれ盛り込むべき情報には
パターンがあるから
その通りやっていけば問題ないだろう

まずは「タイトルページ」だな。ここに論文名・著者全員の姓名・学会名・場所・年月日などを記載しておく

ええっと、こんな感じですか…？

Layout Optimization of Advertisements on New Websites

Rina Emoto and Jinbei Yashiro

Department of Informatics and Engineering

The University of ○○

Rina@inf.???.ac.jp

2nd International Workshop on

Information snd Engineering Sciences

San Francisco

November 1-5, 2016

そうだな。あとでどの「パワーポイント」をどの発表で使ったのかが自分でも一目瞭然にわかるようにしておくといいぞ

次は「目次」。発表の手順を説明しておくと、発表内容の
全体像が伝わって、聴講者が安心して話を聞けるからな。
ここは箇条書きで構わない

各項目の見出しを並べる感じですね

目次の次は研究の「目的」を先に明示してしまう場合も多いのだが
今回の発表のように聴講者にあまりなじみがない分野の発表の場合、
「研究の背景」を説明した方がいい。
このように図形も使いながらわかりやすく示そう

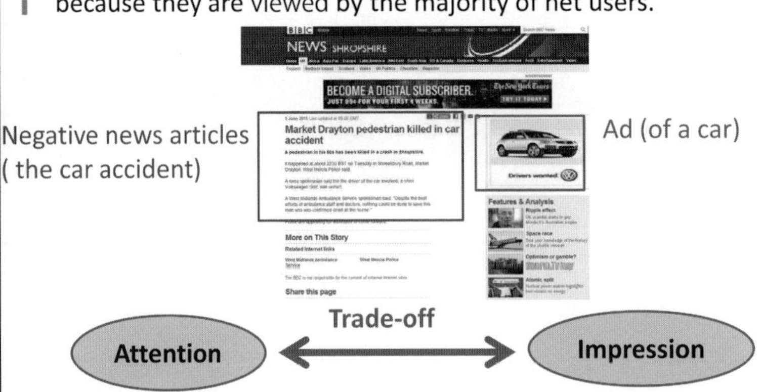

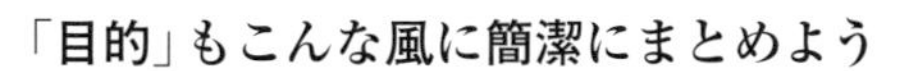

THE PURPOSE OF OUR STUDY

Exploring effective layouts of ads that satisfy attention, impression and readability

AT THE SAME TIME

ATTENTION
IMPRESSION
+
READABILITY

OPTIMAL POSITIONS OF ADS

次は「研究手順（実験概要）」だな。順番はその時の研究内容によるけど、素材・実験のデザイン・手続きを順に説明するんだ

私の場合は、実験で人に提示した実験刺激（= Materials）を図で示してみせるとわかりやすいかもしれませんね！

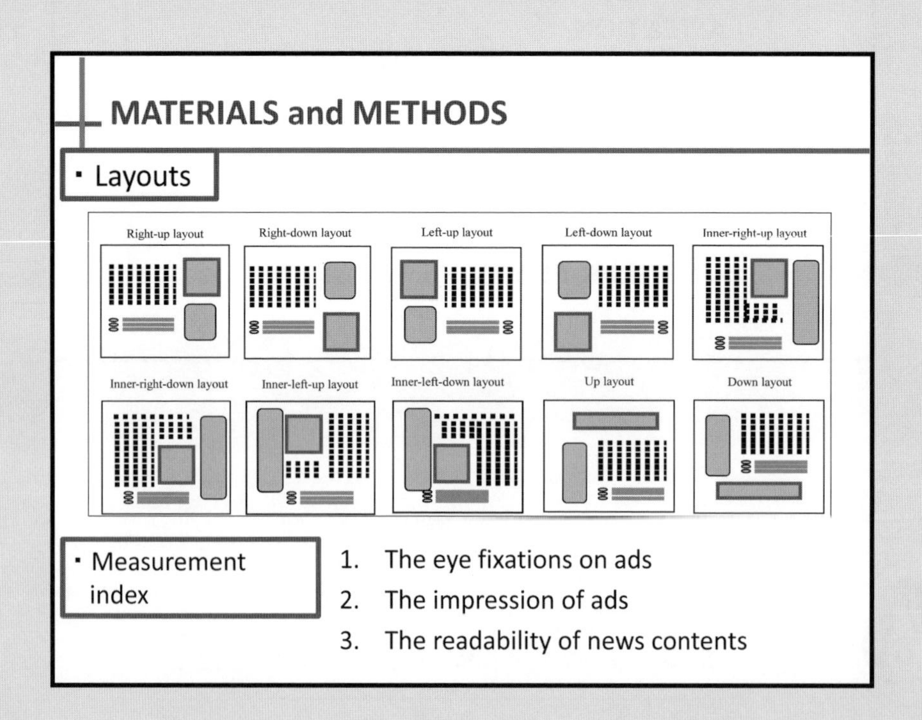

研究手順の実験のデザインに関するページでは、実験の様子を撮影した写真や、何を測定したのかがわかるようにこんなふうに示すといい。その後、実際の手続きを順番にわかりやすく説明しよう

写真や図があると一目瞭然ですし、説得力も増しますね！

そして、実験の「結果と考察」のページに入る。
ここも図表を使って簡潔にわかりやすく
説明できるように工夫しよう

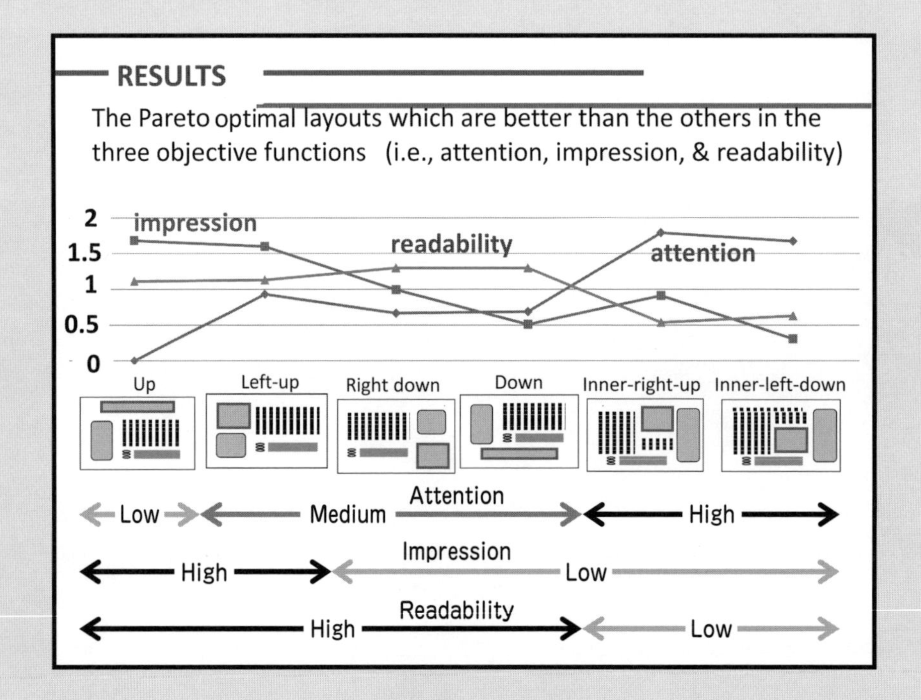

そして、「結論」と「今後の課題」を簡潔に箇条書きして
まとめるページを1ページずつ作る

最後に参考文献や謝辞を書いておしまいですね！

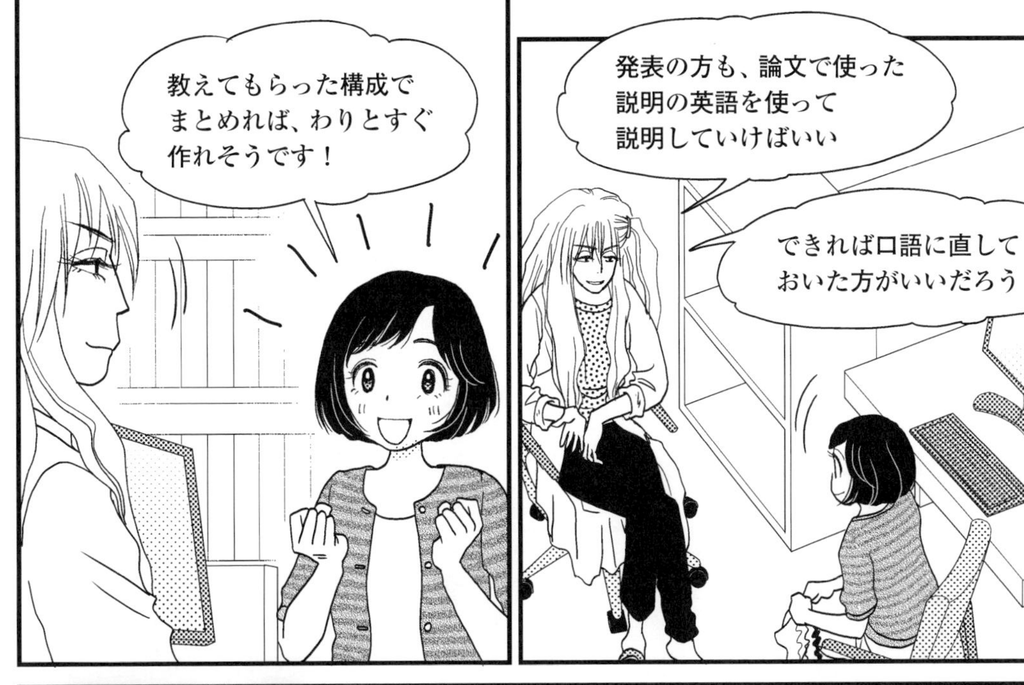
発表の方も、論文で使った説明の英語を使って説明していけばいい
できれば口語に直しておいた方がいいだろう
教えてもらった構成でまとめれば、わりとすぐ作れそうです！

でも、質疑応答もあるんですよね…？
質疑応答

何か事前にできることはありますか？
!!!!!!!!
ここは原稿を用意しておけないからなぁ…
そうだな、だからみんな苦手なんだ
相手の言っていることが聞き取れないといけないしな

緊張するけど
出来る限りのことは
やっておこう…
そうだな
想定される質問と
それに対する回答を
用意しておくこと
わかりました
切り抜けるための
英語表現などを
持っておくこと
かな

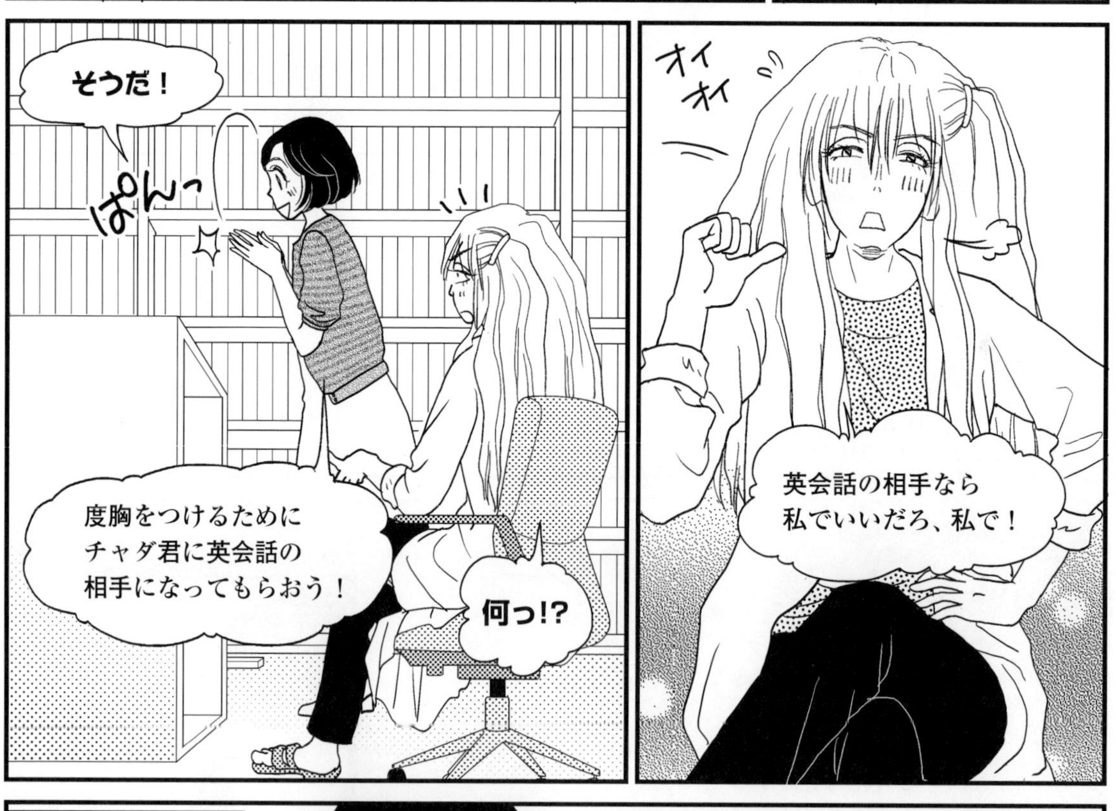
オイ
オイ
英会話の相手なら
私でいいだろ、私で！
そうだ！
ぱんっ
度胸をつけるために
チャダ君に英会話の
相手になってもらおう！
何っ!?

博井先輩ばっかりより
やっぱ海外の人に相手に
なってもらった方が…
ううっ

安心しろ！
今度は金髪のカツラ
かぶってやるから！
マジですか…？
ナニソレー

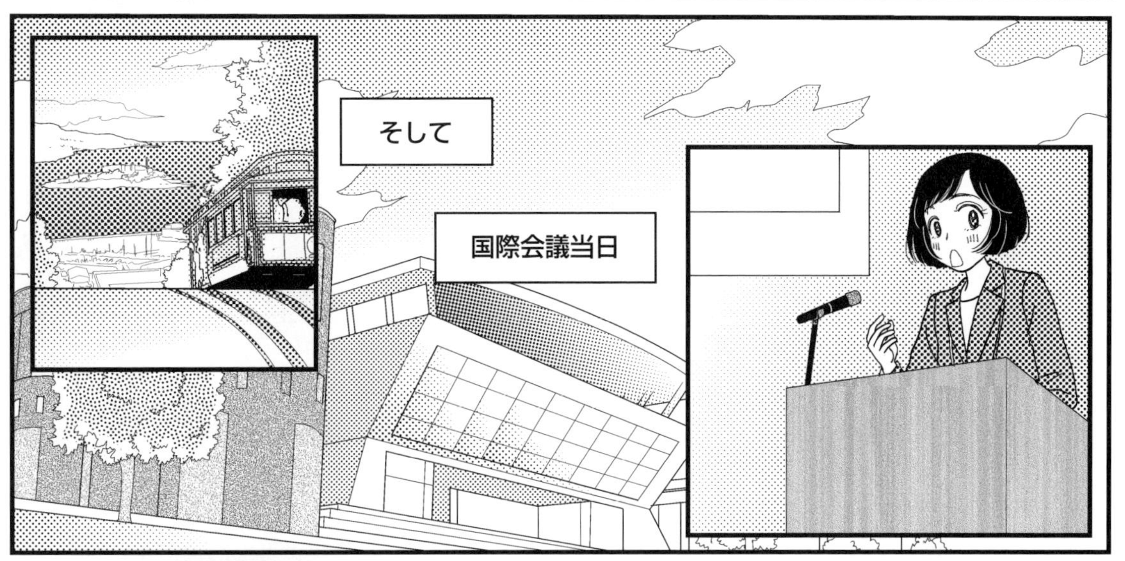
そして
国際会議当日

Clap
Clap
Clap
Very Good!!

これも博井先輩の
おかげです！
お疲れ様！
はじめてにしては
なかなか見事な
プレゼンだったぞ！

そんなことはいい
早く世界中の人と
話しておいで
はいっ！

プレゼン資料の具体例

マンガの中で発表資料の流れは紹介しましたが，ここでは，具体的にどのように話していくかもう少し詳しく解説していきます．説明で使う言葉は，基本的に学会発表投稿時に提出している予稿集に掲載される論文を利用します．特に，投稿時に英語のネイティブや指導教員によるチェックを受けている場合は，その論文の表現を有効利用してください．

1 タイトルページ（1枚）

Layout Optimization of Advertisements on New Websites

Rina Emoto and Jinbei Yashiro

Department of Informatics and Engineering

The University of ○○

Rina@inf.???.ac.jp

2nd International Workshop on

Information snd Engineering Sciences

San Francisco

November 1-5, 2016

"Thank you for the introduction, Mr. / Ms. chairperson.
I'm Rina Emoto. I will be talking about layout optimization of advertisements on News Websites."

「司会の先生，ご紹介ありがとうございます．私は江本リナです．私は，ニュースサイト広告のレイアウトの最適化についてお話します．」

●このように簡単に挨拶をして，落ち着いて発表を始めましょう．

2 目次（1枚）

Table of Contents

- Background and the purpose of this study
- Experiments
- Results
- Conclusion and future research

"In this presentation, first I am going to talk about the background and the purpose of this study. Then, I will explain details of the experimental procedure. After that I will show you some results of our experiments. Finally, I will make a brief summary and talk about future research."

「本発表では，まず，この研究の背景と目的についてお話します．それから，実験手続きの詳細を説明します．その後，実験結果を示します．最後に，まとめと今後の研究についてお話します．」

●このくらいおおまかな流れでいいのでお話ししておくと流れがわかりやすいでしょう．

3 研究の背景（1～2枚）

論文の Introduction で，先行研究を紹介しながら論文の背景を説明している部分から抜き出して作りましょう．先行研究の中でも，重要でわかりやすいものをピックアップして，図で示しながら，自分たちの研究の背景について，専門外の人でもわかるように説明しましょう．

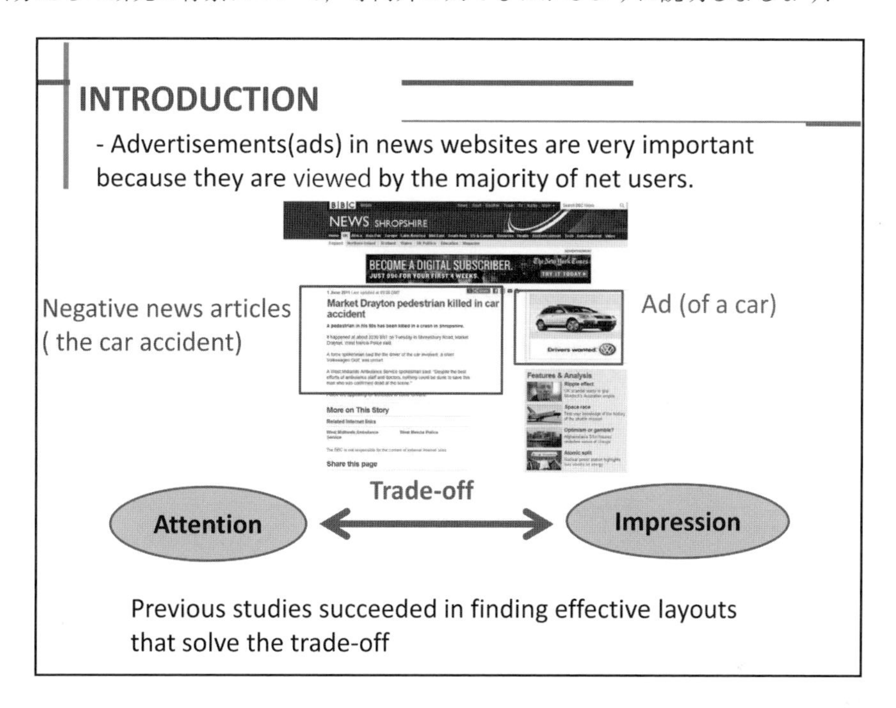

"Advertisements, namely ads, in news websites are very important because they are viewed by the majority of net users. Since the ads in the websites are randomly inserted, they are frequently inserted into the negative news article. For example, the advertisement of a new car is inserted in the inner position of the news article reporting a car accident. Previous studies show that the attention degree and the impression degree of advertisements are in the trade-off relation. "

「ニュースサイトの広告は，大多数のネットユーザーに見られるので非常に重要です．ウェブサイトの広告はランダムに挿入されるので，ネガティブなニュース記事に挿入されることが頻繁にあります．たとえば，新車の広告が交通事故のニュース記事の中に挿入されたりします．従来の研究は，広告の注目度と印象度がトレードオフの関係にあることを示しています．」

●こんな風に説明します．ここは時間が許す範囲で適宜詳しく説明したり，調節してみてください．

4 目的（1枚）

研究の背景の説明から，研究の目的が自然につながるように，自分たちの研究の位置づけと新しい点をはっきりとわかるようにしましょう．

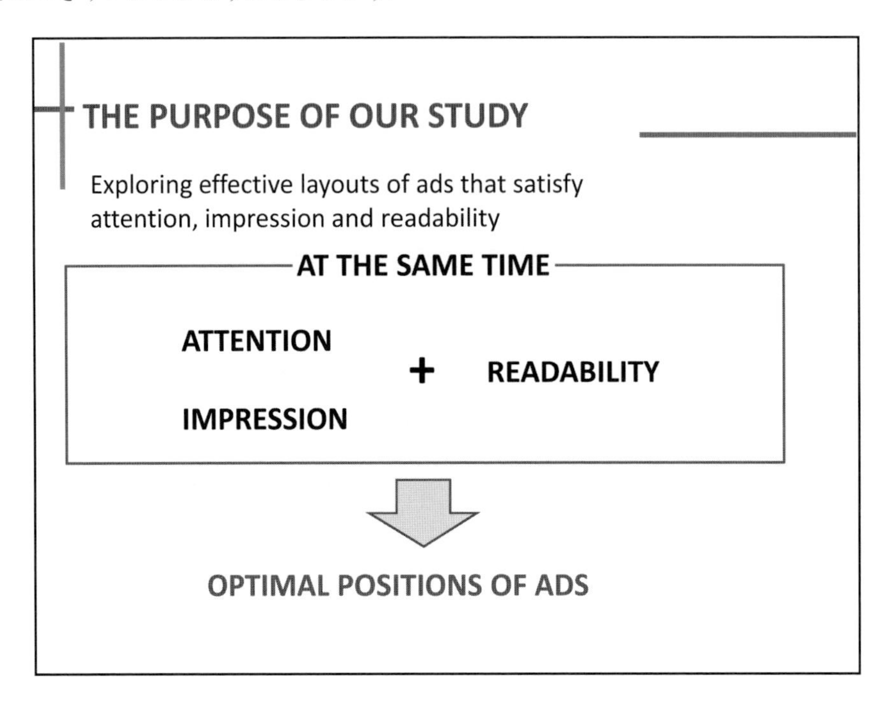

"In this study we explore the effective placement of ads in news websites, which simultaneously achieve high levels of attention, impression, and readability. We pursue this goal by conducting experiments in which participants view a variety of page layouts of news websites. The results of the experiments are analyzed from the viewpoint of multi-objective optimization."

「本研究では，ニュースサイト広告の効果的な配置，つまり注目度と印象度と理解度がともに高い配置を求めます．私たちは，被験者がニュースサイトページの様々なレイアウトをみる実験を行うことによって，この目標達成を目指します．実験結果は多目的最適化の観点から分析します．」

●本研究では何をしようとするのか，わかった上で話を聞くのとそうでないのとでは聴衆の理解しやすさが格段に違いますので，目的をよく理解していただけるように心がけましょう．

5 研究手順（実験概要）（4～5枚） ＊ここでは1枚だけ例に挙げて説明します．

実験刺激の写真や図などを利用して，どんな実験をしたのか，聴衆の目に浮かぶような発表資料を作ってください．

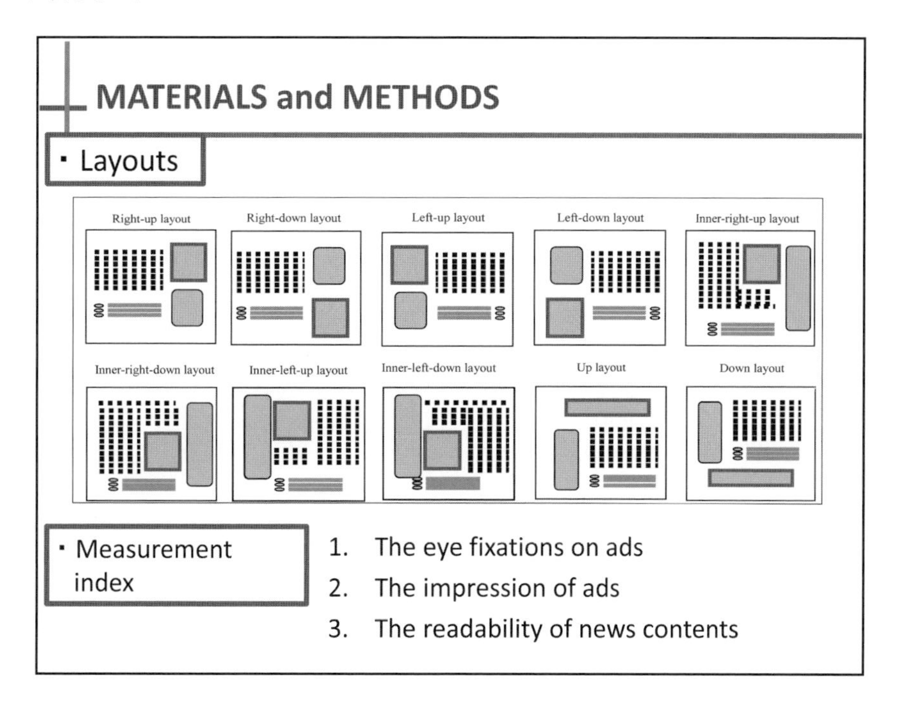

"The participants of the experiments viewed various types of news website samples in which ads are positioned in various layouts. Through these experiments, we measured the eye fixations on the ads, the impression of the ads in relation to the negatives news articles, and the readability of the news content. The layouts employed in the experiments were the ten patterns as shown in this Figure.

「実験の参加者は，広告が様々なレイアウトで配置されている様々な種類のニュースサイトサンプルを見ます．実験を通して，私たちは広告への視線停留と，ネガティブなニュース記事の内容に関連する広告の印象，そしてニュースサイトの理解度を測定しました．実験で使われたレイアウトはこの図に示される10パターンです．」

●測定項目「視線停留」「印象」「理解度」に言及するときは，レーザーポインタなどでスライドを指し示してください．また，「この図に示される」と，図に言及するときも，その場所を指し示してください．

6 結果と考察（4～5枚）＊ここでは１枚だけ例に挙げて説明します．

実験結果は，自分の考えは入れずに客観的に示しましょう．図や表で数値や解析結果をまとめてわかりやすく示してください．

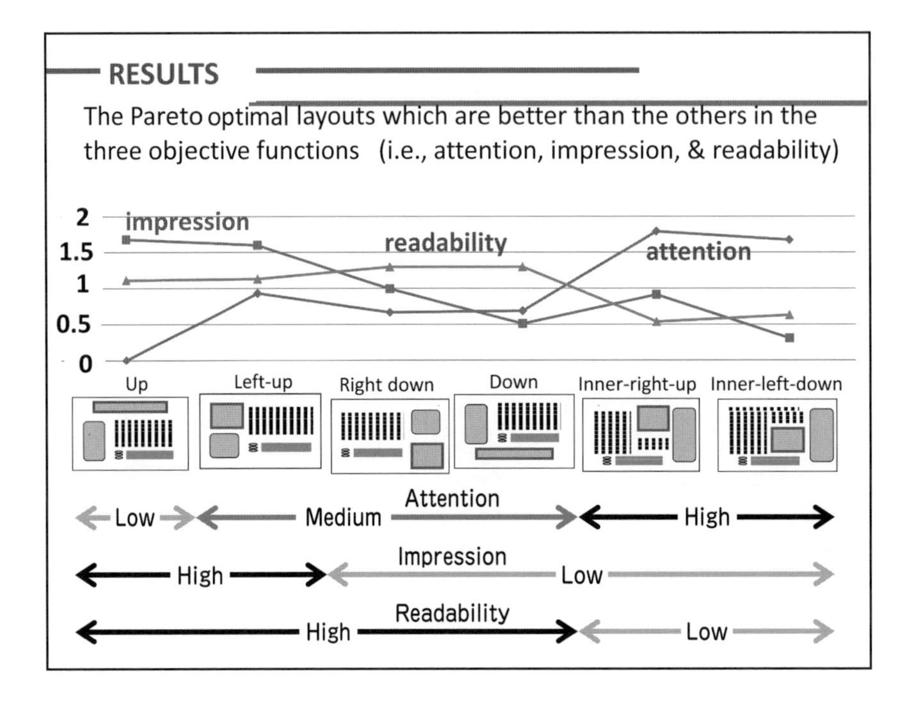

"We explored the Pareto optimal solutions which are better solutions than the others in the three objective functions. The characteristics of these six types of web layouts are summarized in this graph. （ここでグラフを指し示します.）

Up layout: （一番左の上部配置型のレイアウトのところを示しながら説明します.）

This layout provides a high impression level and a relatively high level of readability. However, the attention level is low because the ad located at the up position is not frequently viewed by users."

「私たちは３目的において他の目的よりもよりよい解であるようなパレートフロント解を求めました．３種類のウェブレイアウトの特徴はこのグラフにまとめられています．

上部配置型レイアウト：

このレイアウトは高い印象度と比較的高い理解度が得られますが，上部に位置する広告はユーザにあまり見られないため，注目度は低いです．」

●このように，結果について一つひとつ丁寧に説明していくとよいでしょう．その際，言及している部分を指し示しながら話しましょう．

7 結論（1枚）

今回の研究の重要な成果を簡潔にまとめましょう．

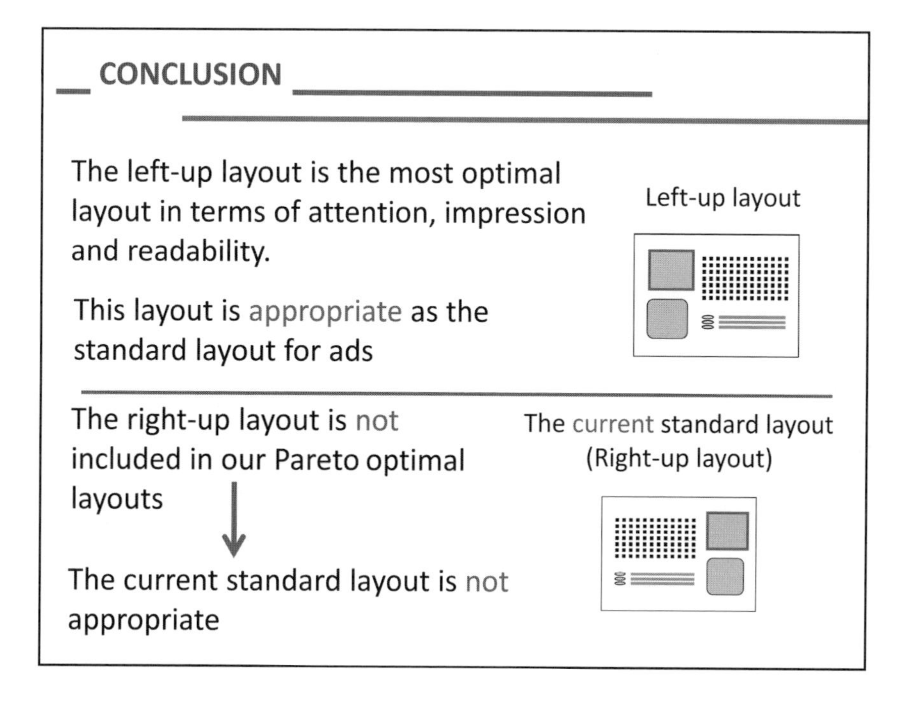

"As a result of the analyses, we found the six optimal layouts of the ads. Our results show that that the left-up layout is the most optimal layout in terms of attention, impression, and readability. Our results also suggest that the right-up layout, which is the current standard layout, is not a good layout when ads are inserted into negative news articles."

「分析の結果，六つの最適なレイアウトを発見しました．左上配置レイアウトが注目度，印象度，理解度の観点から最適なレイアウトであることが示されています．また，現在の標準的なレイアウトである右上配置レイアウトは，広告がネガティブなニュース記事に挿入される時にはよいレイアウトではないことも示されています．」

● **このほか，成果を箇条書きで示すなど，簡潔にわかりやすく示す方法はいろいろありますので，自分の研究成果を示すのにどのような方法が効果的な考えて選択してください．**

8 今後の課題（1枚）

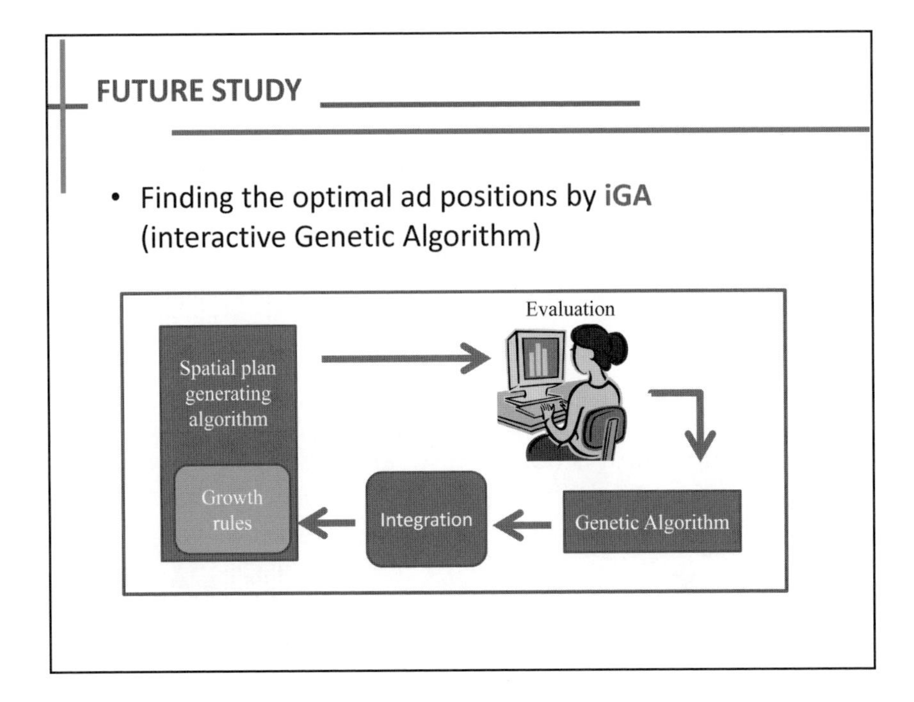

"In our near future work we will explore optimal positions of ads on web sites by utilizing the Pareto front solutions through Interactive Genetic Algorithm. We want to propose interactive genetic algorithm to generate the most optimal website layouts."

「近い将来，私たちは，インタラクティブ遺伝的アルゴリズムを使ってパレートフロント解を使ったウェブサイトの広告の最適配置を求めたいと思っています．最適なウェブサイトレイアウトを生成するインタラクティブ遺伝的アルゴリズムを提案したいと思います．」

●これから行う研究なので，具体的に話す必要はありませんが，この研究が今後どのような展開をしていくのか，聴衆の期待が高まるように，魅力的にアピールしてください．

口頭発表は，練習を積めば上手になりますので，緊張して頭が真っ白になっても口をついて出てくるくらいまで練習を重ねてください．質疑応答は，技術英語論文を読んだり書いたりするための方法をお伝えするという本書の目的とはまた異なる練習が必要です．
まずは，相手が質問している英語を耳で聞いて理解しないといけないので，ある程度のヒアリング能力が必要になります．ただ，本書の最初の方でお伝えした，単語をつなぎ合わせて内容をおおよそ推定する，という方法と同様の方法が有効で，自分が聞き取れた単語から，スライドのどのページに関連した質問をしているのか把握して，まずは落ち着いてそのページを開いてみましょう．それをベースに相手とやりとりしてみるとなんとか質疑応答の時間は過ぎ去っていってくれるものです．

数ヶ月後———
英語で論文を描き直すんですか…
ええ！
もちろん
ひ〜〜
そんなのできないよぉ…
凪沙さんガンバレー
新M1
せっかく研究に没頭できると思って院生になったのに…
憂鬱だなぁ
ガチャ

ただいま
アメリカから戻りました
あ…
江本リナさんだ！
院生１年なのに成果を出し続けて海外でも注目されている憧れの人！
ひゃ——
博井君の手伝いでアメリカの研究室に行ってたんだったよね
どうだった？
博井先輩は向こうでも大活躍ですよ
さすがです♪
チャダ君はもっとすごかったですけど
フムフム

あら
キラ
キラ
キラ
国際会議のご案内
これって
国際会議の案内…
そっか～もう
そんな時期か
フフッ
あのときは英語で
苦労したなぁ…
え!?
江本さんって英語
ペラペラじゃないですか…
私は
さっぱりで…
どうしたら
いいのか…
どう
しよう～
パチン
英語勉強法には
コツがあるんだよ!

参考文献

1章　技術英語を読んでみよう①　単語だけをつないで読む方法

・Saki Iiba, Tetsuaki Nakamura, and Maki Sakamoto: Color Recommendation for Text Based on Colors Associated with Words, Journal of the Korea Industrial Information System Research, 17(1), 21-29 (2012)

2章　技術英語を読んでみよう②　全部読まずに読む方法

・Noriyuki Muramatsu, Keiki Takadama, Hiroyuki Sato, and Maki Sakamoto: Layout Optimization of Advertisements on News Websites, Proceedings of International Workshop on Modern Science and Technology 2012 (IWMST2012), 384-389 (2012)

3章　技術英語を書き始める前のステップ

・Noriyuki Muramatsu, Keiki Takadama, Hiroyuki Sato, and Maki Sakamoto: Layout Optimization of Advertisements on News Websites, Proceedings of International Workshop on Modern Science and Technology 2012 (IWMST2012), 384-389 (2012)

4章　中学レベルの文法で技術英語を書いてみる

・佐藤洋一「技術英語の正しい書き方」オーム社（2003）

5章　テンプレートを使って論文を書いてみよう

6章　技術英語らしくする方法

・Tetsuaki Nakamura, Maki Sakamoto, and Akira Utsumi: The Role of Event Knowledge in Comprehending Synesthetic Metaphors, Proceedings of the 32nd Annual Meeting of the Cognitive Science Society (CogSci2010), 1898-1903 (2010)

・Junji Watanabe, Yuuka Utsunomiya, Hiroya Tsukurimichi, and Maki Sakamoto: Relationship between Phonemes and Tactile-emotional Evaluations in Japanese Sound Symbolic Words, Proceedings of the 34th Annual Meeting of the Cognitive Science Society (CogSci2012), 2517-2522 (2012)

7章　国際会議で発表するための準備

・Noriyuki Muramatsu, Keiki Takadama, and Maki Sakamoto: Optimal Positions of Advertisements on News Websites Focusing on Three Conflicting Objectives, Proceedings of the IADIS International Conference Interfaces and Human Computer Interaction 2011, 394-398 (2011)

索引

〈著者略歴〉

坂本真樹（さかもとまき）

1993年　東京外国語大学外国語学部卒業

1998年　東京大学大学院総合文化研究科言語情報科学専攻博士課程修了（博士（学術））

1998年　東京大学助手を経て、2000年電気通信大学講師、2004年電気通信大学助教授、2015年から電気通信大学大学院情報理工学研究科教授。

フジテレビ「ホンマでっか!?TV」などメディア出演多数、オスカープロモーション所属（業務提携）。

『女度を上げるオノマトペの法則』（リットーミュージック）、その他共著書多数。

人工知能学会・情報処理学会・感性工学会・バーチャルリアリティ学会・認知科学会・認知言語学会・広告学会所属。

国際会議でのベストアプリケーション賞・人工知能学会論文賞など受賞多数。

●マンガ制作　株式会社トレンド・プロ　TREND-PRO

マンガに関わるあらゆる制作物の企画・制作・編集を行う、1988年創業のプロダクション。日本最大級の実績を誇る。

http://www.ad-manga.com/

東京都港区新橋2-12-5　池伝ビル3F

TEL: 03-3519-6769　FAX: 03-3519-6110

●シナリオ　re_akino　星井 博文

●作　　画　深森 あき

●D T P　石田 毅

マンガでわかる技術英語

平成 28 年 11 月 10 日　　第 1 版第 1 刷発行

著　者　坂本真樹
作　画　深森あき
制　作　トレンド・プロ
発行者　村上和夫
発行所　株式会社 オーム社
郵便番号　101-8460
東京都千代田区神田錦町 3-1
電話　03(3233)0641(代表)
URL　http://www.ohmsha.co.jp/

印刷・製本　図書印刷
ISBN978-4-274-21964-1　Printed in Japan

Memo